Roberto Burioni

con la collaborazione di Pier Luigi Lopalco

Virus, la grande sfida

Dal coronavirus alla peste: come la scienza può salvare l'umanità

Rizzoli

Grazie per aver acquistato questo libro. Avete contribuito a sostenere la ricerca sui coronavirus. Per dettagli consultate www.medicalfacts.it.

Pubblicato per

Rizzoli

da Mondadori Libri S.p.A.

ISBN 978-88-17-14885-6

Prima edizione: marzo 2020
Seconda edizione: marzo 2020

Realizzazione editoriale: Studio editoriale Littera, Rescaldina (MI)

Virus, la grande sfida

Ai colleghi che stanno combattendo
in prima linea questa improvvisa, inaspettata
e feroce battaglia con le sole armi del coraggio,
del sacrificio e della scienza.

1

Cronache da Wuhan

Era la fine di novembre 2019 e Han – un nome di fantasia – aveva lavorato tutta la settimana nel mercato ittico di Huanan, come negli ultimi mesi. Si chiamava «mercato ittico», ma era un turbinio di animali vivi, morti o in via di macellazione. D'altra parte una caratteristica della Cina è quella di non avere tabù gastronomici: vengono mangiate praticamente tutte le creature di terra, di mare e dell'aria, e quel mercato faceva capire benissimo il significato concreto di questa affermazione. Il lavoro era duro, ma la paga era dignitosa e gli permetteva di condurre una vita che non consisteva solo nella sopravvivenza, come accadeva in campagna.

A Wuhan poteva andare a cena con gli amici ed era proprio quello che Han aveva fatto la sera prima. Avevano riso, mangiato, bevuto. Forse aveva bevuto troppo, perché non si sentiva bene. In effetti non si sentiva bene neanche la sera prima: aveva mal di gola, gli occhi rossi e forse un po' di febbre. Ma per nulla al mondo avrebbe perso i festeggiamenti per il compleanno del suo più caro compagno di classe. L'indomani Han rimase a letto tossicchiando, guardando la televisione e navigando su internet con il suo smartphone. Prese un paio di aspirine, la febbre si abbassò e lui il giorno dopo – lunedì – andò come al solito al lavoro. Però era stanco, affaticato, gli sembrava di avere il fiato ogni secondo più corto. Per una volta tornò a casa in orario, sperando che una buona notte di riposo potesse rimetterlo in piedi.

Non fu così. La mattina dopo la tosse era peggiorata, il respiro si era fatto più pesante. Han cominciò a preoccuparsi. Vennero degli amici a trovarlo per portargli delle provviste, dato che nei giorni precedenti non aveva avuto tempo di passare al supermercato. D'altra parte per loro non era stato un grande sacrificio, visto che vivevano in un altro piano di uno degli immensi condomini che affollano quella città gigantesca, abitata da undici milioni di persone, che la riempiono come formiche operose in ogni suo angolo. Purtroppo però la salute di Han non migliorava: febbre alta, tosse e soprattutto il respiro, sempre più difficile, affannoso, che lo lasciava con una perpetua fame d'aria. Si fece portare in un ospedale, dove si accorsero che le sue condizioni erano pessime: lo ricoverarono prima nel reparto di pneumologia, ma ben presto finì intubato in terapia intensiva, dove ossigeno e macchine complicate lo aiutavano a respirare. Eppure nonostante tutto rimaneva quella terribile fame d'aria, quel sentirsi soffocare, quel bisogno di prendere il proprio sangue, esporlo all'esterno e rimetterselo dentro pieno di ossigeno: il lavoro che una volta facevano i suoi polmoni.

In quella stanza dalla luce azzurrina e dalle pareti verdi, contornato da tubi, fili e cannule che convergevano come raggi sul suo corpo malato, Han stava combattendo una partita disperata. Ma il suo avversario – un nuovo coronavirus – aveva già vinto. Partendo da un pipistrello e seguendo vie ancora sconosciute – e a questo punto forse irrilevanti –, era riuscito a passare all'uomo e diventare un virus umano. Era avvenuto uno *spillover*, quello che avrebbe segnato drammaticamente il nuovo anno cinese, quello del Topo. Un anno che la Cina non dimenticherà mai.

Mentre Han va incontro al suo destino, negli ospedali di Wuhan i medici cominciano ad accorgersi che qualcosa non va. Arrivano malati con una sindrome molto simile all'influenza, ma a differenza dell'influenza – che di norma nelle persone sane guarisce senza problemi nel giro di qualche giorno – non migliora spontaneamente, anzi peggiora e in alcuni casi porta il paziente alla morte. Tra i medici comincia a serpeggiare una certa ansia: il pensiero va alla SARS, un'infezione pericolosissima che questa malattia ricorda in maniera preoccupante.

I timori cominciano a serpeggiare prima nei corridoi, poi nella mensa, e alla fine tracimano, con uno spillover scontato, nelle chat dei medici. Infatti proprio il 30 dicembre 2019 Lin Wenliang, un oculista di 34 anni, preoccupato da questi pazienti che arrivano con una congiuntivite e finiscono morti con una gravissima insufficienza respiratoria, invia nel gruppo dei suoi vecchi compagni di università un messaggio col quale li avverte che nel suo pronto soccorso ci sono in quarantena sette pazienti provenienti proprio dal mercato ittico di Huanan. Qualcuno degli altri medici si ricorda del recente passato e si chiede: «Non è che la SARS sta tornando?». A quel punto, però, accade l'imprevisto. Uno dei medici fotografa lo schermo che contiene questi messaggi e manda lo screenshot a un amico, che lo manda a un altro amico, che lo manda a un altro amico ancora. Alla fine la fotografia dello schermo arriva su Weibo, la versione cinese di Twitter. Come potete immaginare la reazione della gente non è trascurabile, e non è trascurabile neanche quella della polizia, che arresta il povero medico rilasciandolo solo dopo avergli fatto giurare di non diffondere più notizie false che possano gettare nel panico la popolazione.

Nel frattempo la Cina – come nazione – si muove a due velocità. Dal punto di vista scientifico è un razzo: isola subito il virus, ne caratterizza il genoma e mette generosamente a disposizione di tutto il mondo i dati che consentiranno di sviluppare un test diagnostico. Ma da un altro punto di vista le cose vanno in modo ben diverso.

Solo a fine dicembre le autorità diffondono un laconico comunicato su ventisette casi di «polmonite sospetta» nella città di Wuhan. L'ordine tassativo diramato a tutti i mezzi di comunicazione e a tutti i medici è uno solo: minimizzare. Di questa infezione non si parla e per tranquillizzare tutti il governo centrale manda a Wuhan uno dei suoi medici più esperti e più famosi, Wang Guangfa, il direttore del reparto di pneumologia dell'Ospedale della Prima Università di Pechino. Il luminare, durante una conferenza stampa, rassicura tutti: la situazione è sotto controllo e non ci sono rischi di contagio. Peccato che pochi giorni dopo lui stesso finirà in ospedale, infettato.

I casi continuano a crescere e tra le autorità di Wuhan comincia a serpeggiare il terrore. Ma in un Paese autoritario portare brutte notizie non è mai una buona idea, meglio minimizzare. Il contagio si diffonde e per settimane non si prendono provvedimenti, ma a un certo punto la situazione precipita. Il 23 gennaio la città viene blindata, una misura che, per portata, non ha precedenti nella storia del genere umano: undici milioni di persone in quarantena. Peccato che cinque giorni prima le autorità locali avessero organizzato e portato trionfalmente a termine un gigantesco banchetto con 40.000 famiglie, per battere un record del Guinness dei primati. Di certo un comportamento poco coerente.

A questo punto però il mondo entra in allarme, perché i primi casi iniziano a manifestarsi anche in altre nazioni e con sofisticate analisi statistiche si riesce presto a capire che dei dati cinesi c'è davvero poco da fidarsi. L'unica cosa certa è che sta partendo un'epidemia causata da un virus nuovo, pericoloso e contagioso. La reazione di molti Paesi è estremamente tiepida, del virus si sa ancora poco e cominciano le polemiche. La prima riguarda la possibilità di contagio da parte di individui che non hanno sintomi. Il fatto che l'infezione possa essere asintomatica è un'ottima notizia per il paziente, che non sta male, ma è ancora migliore per il virus, che viene diffuso da chi sta bene e se ne va in giro per la città.

Sulla rivista medica più autorevole del mondo, il «New England Journal of Medicine», appare la storia di una manager cinese che, in perfetta salute, è arrivata in Germania per poi tornarsene in Cina il 22 gennaio. Una volta in patria si è ammalata e, tre giorni dopo la sua partenza, in Germania cominciano a manifestarsi casi di coronavirus tra coloro che l'hanno incontrata, prova evidente della possibilità di contagio da parte di persone asintomatiche. Eppure non pochi continuano imperterriti a sostenere che il contagio avviene solo in presenza di sintomi, facendo presente che qualche sintomo – seppur molto lieve – la signora cinese lo stava accusando già durante il suo soggiorno in Germania. Si prosegue nella sterile discussione, priva di senso in quanto è evidentissimo che persone che stanno tutto sommato bene, o comunque non molto male, sono in grado di diffondere efficacemente il virus. Basterà attendere qualche settimana e sarà la stessa situazione epidemiologica a chiarire definitivamente la questione, confermando che gli individui asintomatici sono infettivi; ma intanto si è perso tempo.

Il dibattito continua anche riguardo alla pericolosità della malattia: secondo alcuni non si tratta che di un'influenza come le altre, mentre la situazione è ben diversa. L'influenza causa di certo numerose vittime, ma quasi tutte tra persone che hanno una salute già compromessa per altri motivi. Invece nel caso di questo nuovo coronavirus muoiono o comunque si ammalano gravemente anche pazienti giovani e nel pieno delle forze: questo perché, mentre l'infezione causata dal virus influenzale rimane nella parte alta dell'apparato respiratorio – interessando sostanzialmente trachea e bronchi –, questo nuovo virus riesce a spingersi in profondità nei polmoni, impedendo l'ossigenazione del sangue e causando nel paziente una gravissima polmonite virale (e in questo, come vedremo, ricorda il comportamento del virus dell'influenza spagnola).

Altri lasciano perdere l'influenza e tirano fuori i paragoni con la SARS, la «sindrome respiratoria acuta grave» che ha spaventato il mondo tra il 2002 e il 2003 (ne parleremo): sostengono che il nuovo virus è molto meno rischioso, in quanto più di rado uccide i pazienti. Anche questi hanno capito poco: la SARS era immensamente meno pericolosa, visto che l'infezione proveniva soprattutto da pazienti con sintomi già molto evidenti e quindi ricoverati in ospedale. Il nuovo virus è imparentato con quello della SARS (infatti il suo nome ufficiale è SARS-CoV-2), ma viene diffuso anche da gente che sta bene, o che non sta molto male. Di conseguenza un paziente infettato dalla SARS contagiava più che altro i medici che lo curavano, mentre quello colpito da COVID-19 (il nome della malattia, cioè COronaVIrus Disease 2019, «malattia da coronavirus scoperta nel 2019») diffonde l'infezione nella comunità. Anche questo dibattito termina immediatamente quando i numeri dimostrano che in poche settimane COVID-19 ha causato più ricoveri e più morti di quanto non abbia fatto la SARS in un anno.

Un elemento importantissimo di questa nuova infezione è l'incubazione, cioè il periodo privo di sintomi che va dal momento in cui il paziente si infetta al momento in cui sviluppa la malattia conclamata. Nel caso dell'influenza questo lasso di tempo è brevissimo (un giorno), invece per COVID-19 la situazione è del tutto diversa: dura tipicamente cinque o sei giorni, che possono arrivare fino a dieci-dodici. La cosa è tutt'altro che irrilevante, dato che rende poco efficace il tentativo di bloccare la diffusione della malattia misurando la temperatura dei viaggiatori negli aeroporti o nelle stazioni ferroviarie: possiamo benissimo trovarci in presenza di un paziente che è stato appena infettato, è in perfetta salute durante il periodo di incubazione e solo una volta arrivato a destinazione svilupperà la malattia, contagiando gli altri.

Tutto ciò porta molti esperti a una consapevolezza: l'unico modo per bloccare questo virus è la quarantena. La Cina l'ha capito per prima e mette in atto misure inimmaginabili: isolando cinquantasette milioni di persone, chiudendo scuole e uffici, fermando le fabbriche. Negli altri Paesi, al contrario, ci si muove con molta più cautela. In Italia alcuni politici, in un'interpretazione folle del «politicamente corretto», vedono queste misure come razziste e discriminatorie e bollano chi le propone come «fascioleghista». L'infezione pare essere asintomatica in maniera molto frequente nei bambini, e si discute se riammettere a scuola quelli di ritorno dalla Cina. Ovviamente la risposta è «no», ma in diverse nazioni i politici ondeggiano pericolosamente in un'indecisione che può avere conseguenze terribili, quasi pensando che la loro correttezza politica basti a bloccare la malattia, o che si debba avere più paura di essere definiti razzisti che di ammalarsi di questo nuovo temibile virus.

Si parla anche dell'isolamento per gli adulti: c'è chi sostiene che chiunque ritorni dalla Cina debba essere isolato, ma di nuovo c'è chi grida al razzismo, chi vede in questo una discriminazione. Scioccamente, perché se c'è qualcosa che ci ricorda che le razze umane non esistono e che siamo tutti uguali è proprio questo virus, che colpisce indifferentemente individui di ogni sesso, età, nazionalità ed estrazione sociale. Però, come nei *Promessi sposi*, anche nel nostro caso ci sono i don Ferrante che ideologicamente negano l'esistenza della peste e fanno finta di niente. Don Ferrante finirà ucciso dalla malattia di cui negava l'esistenza, i politici titubanti verranno invece ben presto travolti dagli eventi: il virus, come puntualmente previsto dagli scienziati, arriverà proprio dalla Cina, comincerà a diffondersi e a quel punto anche i più restii saranno costretti a emanare – troppo tardi – quei provvedimenti che hanno tanto esitato a prendere seriamente in considerazione.

Non sappiamo, nel momento preciso in cui questo volume va in stampa, cosa accadrà nei prossimi mesi. Però sono molte anche le cose che sappiamo, e ve le racconteremo in queste pagine. Vi spiegheremo cosa è un virus, quale rapporto stranissimo di amore-odio intrattiene con l'ospite che infetta, come è riuscito a sviluppare una sorta di intelligenza che gli permette di prendere incredibilmente sempre la strada più giusta. Vi racconteremo cosa succede quando una malattia infettiva si diffonde, quale impatto può avere su una società, sulla vita e sulla storia degli uomini questo evento che si chiama epidemia. E per farvelo capire passeremo in rassegna le più rilevanti epidemie della storia, partendo dalla peste di Atene per arrivare a quella di questi giorni, causata da un nuovo coronavirus, passando per la morte nera, l'influenza spagnola, l'AIDS, l'Ebola, la SARS. Vi faremo capire che un epidemiologo è qualcosa di simile a un detective che insegue un serial killer, vi riveleremo da dove arrivano i virus che attaccano l'uomo e come fanno a diffondersi sfruttando ogni opportunità e pure ogni nostra debolezza.

Come abbiamo detto, non sappiamo cosa accadrà nei prossimi mesi e cosa sarà vero nel momento in cui avrete in mano questo libro e comincerete a leggerlo. Però siamo sicuri che il miglior modo per sconfiggere un nemico è conoscerlo bene. Sapere di più su virus, epidemie e malattie infettive vi consentirà di distinguere le bugie dalle verità, le giuste preoccupazioni dai timori infondati. Insomma, in questa battaglia contro una nuova minaccia sarete dei combattenti migliori. Perché la vera arma che abbiamo contro qualunque minaccia è la conoscenza delle cose.

2

Contatto e contagio

Paolo era stupito. Da qualche giorno Whiskey, il suo cane, non era più lo stesso. Solitamente bastava che quell'animale allegro ed espansivo lo intravedesse nella parte più lontana del giardino per corrergli incontro e cominciare a morderlo scherzosamente; adesso invece se ne stava appartato, girava pigro intorno a una quercia nodosa, neppure dava la caccia agli uccellini che si posavano sul prato per mangiare qualcosa tra i fili d'erba, come era solito fare. Di tanto in tanto l'umore di Whiskey cambiava: diventava nervoso, iniziava a ringhiare senza motivo e sembrava voler attaccare qualcuno, come minacciato. Paolo non diede molto peso a questo mutamento d'umore e si avvicinò come al solito al suo cane, per calmarlo con le carezze.

Per Whiskey, da alcuni giorni il mondo era cambiato completamente. Prima amava stare pigramente sotto la pianta a godersi il caldo attenuato dall'ombra, i profumi intensi della campagna, il venticello che gli rinfrescava la lingua. Amava scorrazzare nel giardino, e ogni tanto fuggire nei boschi, dove inseguiva gli uccelli andandoli a sta-

nare dentro i cespugli. Certo, a volte correva qualche rischio, come le vipere oppure quella volpe spelacchiata che qualche settimana fa lo aveva morsicato senza troppi complimenti, ma il correre con il muso basso tra i rami era talmente bello da compensare tutti questi inconvenienti. Di tanto in tanto Paolo veniva a trovarlo, e allora era una festa. Si rincorrevano, faceva finta di attaccarlo, di morderlo, fino a quando lui non gli tirava uno straccio che cominciavano a contendersi in uno scherzoso tiro alla fune, Paolo con le mani e lui con i denti.

Poi, di colpo, diventò tutto diverso. A Whiskey la luce dava fastidio, l'ombra lo impauriva, strani fantasmi gli riempivano la mente. Non aveva più fame, non gli interessava più nulla della vita, neanche di quella cagnetta in calore della quale sentiva i guaiti al di là della siepe. Era inquieto, e il mondo intero gli appariva ostile. I gatti li aveva sempre odiati, ma con gli altri cani era molto mansueto: invece adesso gli sembrava che tutti gli fossero nemici, e li attaccava con una tale ferocia da farli scappare via. Anche Paolo sembrava minacciarlo, ecco, stava venendogli vicino, ma la sua faccia era cattiva, i suoi occhi biechi, la sua mano pronta a colpirlo. Certo, era il suo padrone e non gli aveva mai fatto niente di male, ma ora una forza inarrestabile e insana, che gli premeva contro le ossa del cranio da dentro il cervello, gli diceva urlando: «Attaccalo! Attaccalo!». Whiskey voleva trattenersi, si trattenne, tentò addirittura di scappare via. Ma la sua bocca scattò come animata da una forza del tutto autonoma e incontrollabile, e quando affondò i denti affilati nel braccio di Paolo il grido acuto e spaventato di bambino ferito si mescolò con il sapore strano del sangue di un uomo, che non aveva mai sentito nella bocca.

Rabdo era sorpreso del fatto che Whiskey fosse arrivato a mordere anche il suo padrone. Il suo effetto era molto più intenso di quanto potesse immaginare, se di colpo un cane poteva spingersi fino ad attaccare, senza pensarci troppo su, la mano che per tanti anni l'aveva accarezzato affettuosamente. Certo, era solo un incidente che non aveva poi troppa utilità, per Rabdo gli uomini non erano particolarmente interessanti, visto che non mordevano, ma a lui piaceva dimostrare quale terribile macchina di morte fosse diventato con il tempo, e con quale potenza riuscisse a spazzare via la vita con l'unico intento di farsi strada nel mondo.

Se l'era vista brutta con quella maledetta volpe, che stava letteralmente morendo impazzita per la fame e per la sete; per fortuna quello stupido cane era venuto a cercare uno scoiattolo nel cespuglio dove stava acquattata, e si era preso un bel morso. Poco dopo la volpe aveva tentato di tirare un respiro più forte del solito, la gola le si era chiusa in uno spasmo e i polmoni le erano letteralmente scoppiati, lasciandola stecchita. Ma di questo a Rabdo non importava proprio nulla, visto che aveva fatto in tempo a uscire dalla volpe e a passare nel cane grazie a quel provvidenziale ultimo morso.

Il resto era stata una divertente passeggiata, come si

diceva una volta, «turismo di guerra». Si era dapprima diffuso nelle cellule del muscolo accanto ai tessuti squarciati dal morso, poi – piano piano, non c'era fretta – era arrivato alle cellule nervose, che aveva iniziato con tranquilla lentezza a risalire, per toccare la sua meta finale, quella che gli avrebbe permesso la vittoria sulla volontà del cane, sulla sua vita e sul mondo: il cervello del malcapitato animale. Quel cane di lì a poco sarebbe stato trasformato – da pacifica bestiola domestica quale era – in una macchina terribile, un arco teso per scagliare la sua freccia verso l'unico obiettivo: trasmettere il suo fluido fatale. Alla fine di tutto questo il cane sarebbe morto, ma che importava? A essere davvero cruciale era che – prima di quella insignificante morte – Rabdo riuscisse a passare nel corpo di qualcun altro.

Anni e anni di duro lavoro e di perfezionamento, accumulati dai suoi progenitori che con quasi infiniti errori casuali ma provvidenziali avevano percorso tutte le strade possibili, mettendo a disposizione di Rabdo una strategia perfetta e infallibile, si concentravano in quei momenti. Le ghiandole salivari erano fondamentali per Rabdo: i nervi lo portavano proprio in quegli organi, perché da lì era possibile uscire per arrivare nei denti, e dai denti – con un morso – in un altro animale da conquistare come una cittadella dai muri di paglia. Tuttavia – siccome le precauzioni non erano mai troppe, e la vittoria doveva essere certa – Rabdo non finiva solo nella bocca e nella saliva, ma riusciva anche a causare al cane terribili spasmi quando quella saliva provava a ingoiarla. «Avere la bava alla bocca»: l'idea di impedire la deglutizione del fluido che lo conteneva per una migliore trasmissione era tanto geniale ed efficace da essere diventata una frase idiomatica per indicare un momento di furia incontrollabile! Gli uomini e gli animali riescono a deglutire con naturalezza e facilità. Ma il processo è complicatissimo e richiede la contrazione e il rilasciamento coordinato di un gran numero di muscoli. Rabdo era riuscito a scompaginare tutto e il cane infettato non riusciva più a deglutire, impazzendo di sete.

Quando vedeva l'acqua la povera bestia provava a bere, ma appena tentava di inghiottirla era squassato da terribili spasmi, tanto terribili da spingere a chiamare il suo stato «idrofobia», ovvero «paura dell'acqua». Ma la paura non c'entrava nulla, la colpa era di Rabdo: la saliva non più ingoiata si accumulava tra le fauci in modo tale che anche il più piccolo morso poteva essere in grado di trasmettere il suo messaggio di morte a un altro animale.

Tutto quasi perfetto, però mancava ancora il tocco del maestro. I cani – Rabdo lo sapeva bene – sono buoni, non mordono se non provocati, e in generale gli altri animali non li provocavano se non in casi molto rari. Questo era un problema, perché senza morso Rabdo non riusciva a diffondersi. Bisognava fare qualcosa. Un antenato di Rabdo aveva avuto un'idea fantastica: aveva pensato di andarsi a localizzare proprio in quella regione nascosta e antica del cervello che regola l'aggressività, sconvolgendola. Era stata una soluzione geniale, e proprio quell'antenato aveva avuto un grandissimo successo rispetto ai suoi contemporanei, perché i cani e gli altri animali, con il carattere stravolto dall'invasione di quella parte del cervello, letteralmente impazzivano, ma di una pazzia controllata e sapientemente diretta da Rabdo, diventando feroci e cattivi, con un carattere che li portava ad attaccare anche quando non esisteva nessuna minaccia, solo per il gusto di farlo. A quell'idea magnifica, frutto di anni e anni di tentativi, che una volta concepita era stata trasmessa con enorme successo, si doveva il nome di Rabdo. Un nome che incuteva timore a chi lo sentiva. Rabbia.

Whiskey stava malissimo. Alternava momenti di calma a momenti di terribile aggressività. Tentava di bere, ma la gola gli si chiudeva in uno spasmo terribile, e a tormentarlo era la paura dell'acqua e allo stesso tempo di quelle dolorosissime contrazioni che lo squassavano per interminabili secondi. In alcuni momenti veniva preso da uno stranissimo torpore, si adagiava nell'angolo della gabbia di ferro dove l'avevano rinchiuso dopo il morso dato a Paolo, e osservava con sguardo confuso le ombre delle persone che si interponevano tra lui e la luce: della vita e del mondo non gli importava poi tanto. In altri momenti – ed erano i più terribili – demoni maligni si impossessavano della sua mente e lo portavano e vedere mostri terrificanti che lo attaccavano senza pietà. Allora si alzava sulle zampe tremanti e si scagliava contro di loro con tutta la forza che aveva, solo per mordere inutilmente le spesse sbarre di ferro, con la bocca grondante di bava grigia e di sangue.

A un certo punto qualcuno si avvicinò con un oggetto che non riuscì a riconoscere, dal quale venne un tuono fortissimo e una luce abbagliante come quella di mille soli che gli sconquassò il muso. Si accasciò immediatamente, e mentre sentiva che la vita gli sfuggiva via, non si dispiacque per questo, ma solo per avere dato un morso al suo padrone, capendo in quel preciso momento di non essere stato altro che uno strumento di morte completamente in mano a qualcuno tanto più potente di lui. Rabdo. Il virus della rabbia.

La storia che avete appena letto non ha nulla di fantastico, se non il nome del ragazzo e del cane. È la descrizione di quello che accade quando il virus della rabbia (qui chiamato Rabdo, perché appartiene alla famiglia delle Rhabdoviridae) infetta un cane che poi con un morso infetta un uomo. Nel caso specifico, se il povero Paolo fosse un nostro contemporaneo, sarebbe curato in tempo con sieri e vaccini, e si salverebbe. Ma se questa storia si fosse svolta prima della messa a punto del vaccino antirabbico – usato per la prima volta da Pasteur il 6 luglio 1885 – la sorte del poveretto sarebbe stata segnata. L'infezione umana da parte del virus della rabbia è l'unica malattia infettiva mortale praticamente nel 100% dei casi: delle centinaia di migliaia di persone infettate quelle che sono sopravvissute senza terapia si contano sulle dita di una mano.

L'uomo non ha alcuna rilevanza per il virus della rabbia: è quello che i virologi chiamano un «ospite terminale», in quanto in generale non ha alcun ruolo nella trasmissione della malattia che al contrario circola in maniera intensa tra gli animali selvatici come volpi, lupi, furetti, procioni, puzzole, in quanto riesce a infettare tutti i mammiferi. Questi animali selvatici possono mordere direttamente l'uomo o gli animali domestici, come cani e gatti, che a loro volta trasmettono l'infezione agli uomini.

Il virus si comporta esattamente come raccontato nella storia di Paolo e Whiskey. Dalla sede del morso risale attraverso le fibre nervose fino al sistema nervoso centrale, dove provoca una gravissima infiammazione che si localizza in particolare nella regione che regola l'aggressività – questo fa diventare l'animale cattivo – e provoca un disturbo che impedisce la deglutizione della saliva. Proprio la saliva contiene il virus in grande quantità, visto che, sempre attraverso le fibre nervose, il virus arriva alle ghiandole salivari.

Insomma, grazie a queste scelte, il virus trasforma un animale pacifico in un'efficiente macchina asservita alla sua trasmissione.

La trasmissione del virus della rabbia è particolarmente tragica e violenta, ma se ci pensate la stessa funzione del morso e della mancata deglutizione della saliva la ottiene il virus del raffreddore, facendoci colare il naso e facendoci starnutire. L'abbondanza di muco ci porta a soffiarci spesso il naso, contaminando le mani che a loro volta potranno contaminare degli oggetti che, sfiorati dalle mani di altre persone, potranno diffondere l'infezione. Per non parlare poi dei sonori starnuti che ci provoca l'irritazione delle narici, durante i quali emettiamo una nuvola di minuscole goccioline che rimangono sospese a mezz'aria, garantendo un'adeguata dispersione del virus. Insomma, così come il morso aiuta la diffusione del virus della rabbia, lo starnuto aiuta la diffusione di quello del raffreddore. Allo stesso modo, se ci pensate, si comporta un virus intestinale quando provoca una forte diarrea: per ovvi motivi anche in questo caso aumentano le probabilità di trasmissione.

Però, il vero capolavoro i virus lo compiono in un caso: quando riescono a essere diffusi da persone che stanno bene o si sono appena ammalate. Una cosa simile la fa il virus influenzale. Quando un paziente viene infettato dal virus dell'influenza i sintomi compaiono molto presto, più o meno il giorno dopo. E proprio in quel primo giorno di malattia, nel quale ancora non si sta particolarmente male, la diffusione del virus è massima. Noi cosa facciamo tipicamente il primo giorno in cui abbiamo l'influenza? Non ci sentiamo bene, ma neppure malissimo, spesso non abbiamo febbre. Per questo non rinunciamo alla festa alla quale teniamo tanto, all'importante riunione di lavoro o alla partita della nostra squadra del cuore. E se un bimbo di 7 anni che sta per ammalarsi dice di non sentirsi benissimo, i genitori gli misureranno la febbre e poi – vedendo che la temperatura è a posto – lo manderanno a scuola, pensando che il presunto malanno sia in realtà una scusa per rimanere pigramente a letto.

In tutti questi casi per il virus influenzale sarà una gioia: queste persone potranno diffondere in maniera estremamente efficiente l'infezione. Raggiungere il picco di diffusione due giorni dopo, quando il paziente è a letto con la febbre alta, sarebbe stata una scelta molto poco intelligente. Chi è chiuso in casa malato non è particolarmente utile per diffondere una malattia; il virus l'ha capito – con la sua intelligenza inusuale derivante dalla potenza delle leggi dell'evoluzione e dai suoi infiniti errori, come spiegheremo dopo – e si comporta di conseguenza.

Nel caso dell'influenza il tempo che passa tra il momento dell'infezione e il palesarsi della malattia è molto breve: parliamo di un giorno o due. Ma per infezioni come il morbillo, la parotite, la varicella, la rosolia e tante altre, l'intervallo è ben più lungo: tipicamente va da dieci giorni a due settimane e questo periodo libero da sintomi, che segue l'infezione e precede la malattia, è chiamato incubazione. In questi giorni il paziente sta benissimo e continua a condurre la sua vita in maniera del tutto normale. In particolare, se è un bambino, continua a frequentare l'asilo o la scuola. Il virus, allora, riesce in un colpo fantastico: negli ultimi giorni di incubazione, infatti, quando il paziente sta per ammalarsi ma non se ne rende conto e sta ancora benissimo, la capacità infettiva è notevole. Ciò consente a questi virus di essere estremamente efficaci nel contagio, in quanto possono disporre di qualche giorno di vita di una persona sana per poter passare ad altri individui.

La possibilità che hanno alcuni virus di essere trasmessi da individui praticamente senza sintomi da un lato rende molto difficile il controllo delle infezioni attraverso l'isolamento dei pazienti, visto che vengono diffuse da persone che stanno bene (la questione tornerà a essere scottante quando si parlerà del nuovo coronavirus), dall'altro dà conto dell'estrema contagiosità di queste infezioni, che vengono definite «dell'infanzia» in quanto sono così facili da contrarre che, al tempo in cui i vaccini non esistevano, venivano quasi sempre «prese» nel primo anno di vita. Pensate che, nel caso del morbillo, prima dell'arrivo del vaccino solo il 3% degli individui riusciva a varcare la soglia dell'adolescenza senza essere stato infettato.

Altri virus devono scegliere strade diverse. Il virus del morbillo (o della rosolia, della varicella e della parotite) è presente nelle secrezioni respiratorie (nel caso della varicella anche nel liquido delle vescicole che si trovano nella cute) ed è facile per il paziente emetterlo nell'ambiente contagiando gli altri. Quei due giorni di vita normale mentre si spruzza virus nell'ambiente sono più che sufficienti per passare in un nuovo ospite e continuare la propria avventura. Però alcuni virus non si trasmettono così facilmente.

I motivi sono diversi: alcuni hanno un'efficienza di infezione molto bassa, riuscendo a infettare con notevole difficoltà i pazienti; altri sono al contrario molto poco resistenti nell'ambiente e quindi hanno bisogno di contatti estremamente ravvicinati (come quelli sessuali), che non sempre trasmettono l'infezione in maniera efficace. Voi capite che, se un virus si trasmette con grande difficoltà, per riuscire a diffondersi e a non estinguersi ha bisogno di una cosa: il tempo. E se il virus esiste significa che questo tempo, in qualche modo, è riuscito a ritagliarselo, talvolta avendo a disposizione addirittura molti anni di vita apparentemente sana di un individuo per poter passare a un'altra persona.

Un esempio di questa situazione è l'HIV, il virus che – non curato – causa l'AIDS. Questo virus non si trasmette con la stessa facilità dell'influenza o del morbillo. Si trasmette con poca efficienza attraverso i rapporti sessuali (è stato calcolato che il rapporto più a rischio, quello tra due uomini, consente la trasmissione all'incirca in un caso su cento, mentre con un rapporto uomo-donna la probabilità scende più o meno di venti volte) oppure con la contaminazione del sangue attraverso un ago infetto. Se per trasmettere il virus sono necessari mediamente cento rapporti sessuali o una puntura accidentale, quei pochi giorni di infettività senza sintomi, che vengono garantiti per esempio dal morbillo, non bastano.

Il virus deve ritagliarsi anni di vita durante i quali un paziente sta perfettamente bene ed è in grado di trasmettere la malattia, donando sangue, usando siringhe e avendo rapporti sessuali. È esattamente quello che accade con l'HIV. Un paziente si infetta e sviluppa una lieve malattia della quale spesso non si accorge. Poi però apparentemente guarisce e passa in una condizione durante la quale sembra stare benissimo, anche se all'interno del suo organismo il virus si sta replicando ed è presente nel suo sangue, rendendolo altamente infettivo. Durante questi anni non c'è nessun segno esterno che distingue il paziente infettato da una persona in perfetta salute. Se ci fosse, pensateci bene, per il virus sarebbe un guaio. All'agente infettivo serve un individuo in tutto e per tutto identico a chi sta bene, senza febbre, senza lesioni cutanee, senza nessun segno specifico che possa fare anche solo sospettare la sua infettività. Altrimenti gli altri si accorgerebbero e lo eviterebbero.

Invece niente, il virus ha fatto un lavoro perfetto: chi è infettato dall'HIV non differisce in nulla e per nulla da chi sta benissimo. In questo modo il contagiato avrà rapporti sessuali e magari donerà il suo sangue per anni consentendo la trasmissione del virus ad altri. Poi, in assenza di terapia, dopo questi anni il suo sistema immunitario, eroso dal virus che lo ha usato per replicarsi, crollerà causandone velocemente la morte. Ma al virus a quel punto poco importerà, perché mentre il paziente muore lui si troverà già in altri individui dove potrà ripetere il ciclo che abbiamo appena descritto.

In tutte queste situazioni vi sarà però saltato all'occhio un fatto: il virus sembra avere una sorta di suprema intelligenza. Riesce a spingere il cane infettivo a mordere, riesce a far starnutire chi ha il raffreddore, gioca d'anticipo nell'influenza e sa aspettare nel caso dell'infezione da HIV. Eppure è difficile immaginare che qualcosa di così piccolo sia così scaltro: non può esserci nulla in grado di ragionare in una entità fisicamente così minuscola e biochimicamente così semplice come un virus.

In realtà il virus raggiunge questa perfezione replicativa in un modo inaspettato: attraverso la sua imperfezione nel replicarsi. In altre parole, riesce nell'incredibile missione di trasformare un suo grave difetto in un pregio inestimabile. Per capire come questo accada, dovremo prima conoscere (e lo faremo nel capitolo 4) le modalità attraverso le quali un virus si replica, prendendo il comando di una cellula, dirottandola dalle sue usuali attività e costringendola a mettersi al servizio della replicazione virale. Ma le conseguenze che derivano dalla capacità di un agente infettivo – virus o batterio che sia – di infettare l'uomo possono essere di dimensioni inimmaginabili. Poche cose hanno sconvolto l'umanità quanto l'apparire improvviso di una nuova malattia infettiva.

3

La peste, il flagello dell'umanità

Estate del 430 a.C.: sulla città di Atene, impegnata nella guerra del Peloponneso che la oppone a Sparta, si abbattono «un tale contagio e una tale strage» quali «non erano avvenuti in nessun luogo a memoria d'uomo».

> [Gli ateniesi] erano presi improvvisamente, senza nessuna ragione, mentre godevano perfetta salute, innanzitutto da forti calori alla testa e da arrossamenti e da bruciori agli occhi: le parti interne, cioè la gola e la lingua, subito erano di color sanguigno ed emettevano un fiato strano e fetido. Infine, dopo questi fenomeni, sorgevano starnuti e raucedine, e dopo non molto tempo il male scendeva nel petto assieme a una forte tosse; e quando si fissava nella bocca dello stomaco, vi produceva convulsioni [...]. E il corpo, a toccarsi esteriormente, non era né troppo caldo né pallido, ma rossastro, livido, fiorito di piccole pustole e ulcere; le parti interne ardevano a tal punto da non poter sopportare il rivestimento di vesti leggere o di lini, né al-

> tro che non fosse l'andar nudi, e il gettarsi con gran piacere dell'acqua fredda. [...] per la maggior parte morivano dopo nove o sette giorni per l'ardore interno, ancora in possesso di qualche forza; oppure, se scampavano, con lo scendere della malattia negli intestini, e col prodursi di una forte ulcerazione e il sopraggiungere di una diarrea violenta, i più morivano in seguito, sfiniti per questa ragione. Percorreva infatti tutto il corpo, a partire dall'alto, il male, il quale dapprima si era localizzato nella testa, e se uno scampava dai casi più gravi, ciò era indicato dalle affezioni che il morbo aveva arrecato alle sue estremità. Invadeva infatti i genitali e le estremità dei piedi e delle mani; e molti si salvarono con la perdita di queste parti, alcuni anche degli occhi. Altri, guariti, erano presi subito da dimenticanza di ogni cosa, e non riconoscevano se stessi o i loro congiunti.

Così la pestilenza fa irruzione nella cultura occidentale. La storia narrata da Tucidide, che si era ammalato ed era scampato alla morte, diventa il modello e la pietra di paragone per le descrizioni delle epidemie che nei secoli, anzi nei millenni, stermineranno periodicamente la popolazione mondiale. I cronisti, gli storici, gli scrittori successivi spesso devono essere presi con le molle, proprio perché invece di raccontare la realtà si sentono in dovere di imitare Tucidide. Ma di lui possiamo fidarci, quando descrive con il suo stile inimitabile le conseguenze che una pestilenza ha sulle istituzioni e sulla vita morale di una città o di una nazione.

> La strage avveniva nel massimo disordine e, morendo l'uno sull'altro, giacevano a terra cadaveri, e si voltolavano nelle strade e attorno a tutte le fontane, mezzo morti, per desiderio di acqua. I luoghi sacri in cui si erano attendati erano pieni di cadaveri, poiché la gente moriva sul posto: gli uomini, infatti, sopraffatti dalla violenza delle disgrazie, ignari di quello che sarebbe stato di loro, cadevano nell'incuria del santo e del divino. [...]
> E anche in altre cose, nella città, il morbo dette l'inizio a numerose infrazioni delle leggi. [...] Nessun timore degli dei o legge degli uomini li tratteneva, ché da un lato consideravano indifferente esser religiosi o no, dato che tutti senza distinzione morivano, e dall'altro, perché nessuno si aspettava di vivere fino a dover rendere conto dei suoi misfatti e pagarne il fio; essi consideravano piuttosto che una pena molto più grande era già stata sentenziata ai loro danni e pendeva sulle loro teste, per cui era naturale godere qualcosa della vita prima che tale punizione piombasse su di loro.

Le epidemie non si limitano a uccidere gli uomini: hanno conseguenze profonde su una società e la sua storia. Questo è vero proprio a partire da Atene: furono le perdite provocate dalla pestilenza, e in primo luogo la morte di Pericle, il leader politico che incarnava lo spirito della democrazia ateniese, a decretare la vittoria di Sparta nella guerra del Peloponneso e il declino dei rivali.

Non possiamo dire con certezza quale malattia abbia colpito Atene: le caratteristiche e i sintomi descritti da Tucidide non corrispondono perfettamente al quadro clinico tipico dei possibili candidati. Forse si trattava di tifo esantematico, provocato da un batterio trasmesso dai pidocchi; forse di febbre tifoidea, di cui è responsabile un altro batterio, la *Salmonella enterica* serovar Typhi; forse addirittura di una malattia virale sconosciuta originata dall'Africa, visto che secondo Tucidide aveva colpito l'Etiopia, l'Egitto e la Libia, e Atene aveva frequenti contatti con il cuore del continente, da cui importava per esempio l'avorio usato da scultori come Fidia. Qui «peste» ha il significato generico di «malattia contagiosa mortale»; in senso proprio indica – almeno dal punto di vista delle percentuali di mortalità – il peggior flagello dell'umanità.

Sono state tre le epidemie di peste. Le prime due non solo hanno ucciso, al momento dell'esplosione, circa un terzo della popolazione mondiale, ma sono rimaste endemiche per secoli; l'ultima, meno letale (ma ha comunque provocato svariati milioni di morti nella sola India), ha permesso di identificare, nel 1894, l'agente patogeno e di scoprire le modalità del contagio.

La prima di queste epidemie è la peste di Giustiniano e prende il nome del grande imperatore bizantino al potere dal 527 al 565 d.C. Come nel caso di Atene quasi un millennio prima, possiamo contare sulla cronaca di testimoni oculari: Procopio di Cesarea, autore di una monumentale storia «ufficiale» dell'epoca (*Le guerre: persiana, vandalica, gotica*) e anche di uno scandaloso bestseller (gli *Anécdota*, cioè *Storia inedita*, titolo spesso tradotto con *Carte segrete*) che narra le presunte malefatte e perversioni dell'imperatore e della moglie Teodora. Un'altra fonte che vide gli avvenimenti svolgersi sotto i suoi occhi fu Giovanni di Efeso, un monaco siriaco impegnato nella disputa teologica sulla natura di Cristo e autore di una storia ecclesiastica e di agiografie di santi orientali. Come vedremo, le loro osservazioni sono molto credibili: sono state confermate dagli studi clinici e anche dai recentissimi esami del DNA ricavato dalle sepolture dell'epoca.

Procopio di Cesarea racconta che la peste era apparsa a metà estate del 541 a Pelusio, una città egiziana al margine orientale del delta del Nilo, non distante dai porti sul Mar Rosso dove approdavano le navi provenienti dall'Oriente. Giovanni di Efeso, che in quel momento si trova più a ovest, ad Alessandria, afferma che era arrivata dalle regioni a sud-est dell'India, dall'Arabia meridionale e dalla Nubia. Giovanni si mette in viaggio per Costantinopoli, e così percorre lo stesso tragitto dell'epidemia, lungo la Palestina, la Mesopotamia e l'Asia Minore, incontrando ovunque lo stesso scenario post-apocalittico: in una città dell'Egitto orientale le uniche persone in vita sono sette uomini e un ragazzino; in Palestina intere città e villaggi sono completamente morti; ovunque vede cadaveri insepolti.

Procopio nota che, «cominciando sempre dalle regioni costiere, questo contagio poi di là s'introduceva nell'entroterra», e non mancavano navi fantasma, alla deriva sul mare dopo la morte di tutto l'equipaggio. A metà primavera del 542, la peste arriva a Costantinopoli, capitale dell'impero e, con i suoi 500.000 abitanti, la più grande metropoli al mondo. Dapprima colpisce i quartieri poveri, poi anche i ricchi (si ammala anche l'imperatore Giustiniano, che sopravvive), e in breve tempo si contano 5000 morti al giorno, che poi diventano 10.000 e ancora di più (16.000 al giorno, secondo Giovanni di Efeso). Si riempiono i cimiteri, si scavano fosse nelle campagne, ma non basta. Scrive Procopio:

> In ultimo, coloro che scavavano le fosse, non potendo più far fronte al numero dei defunti, salivano sulle torri che sorgono lungo le mura di Sica [il sobborgo di Galata], e, scoperchiati i tetti, vi gettavano dentro i cadaveri in gran disordine; così praticamente riempirono tutte le torri di cadaveri, accatastandoli alla rinfusa, secondo come cadevano, e poi le coprirono di nuovo con tetti. Perciò da esse cominciò a diffondersi fino alla città un puzzo nauseabondo, che diveniva sempre più insopportabile per gli abitanti, specialmente se soffiava il vento provenendo da quella parte.

Il morbo si estende al resto dell'impero e supera i suoi confini. Nel 543 arriva a Roma, a Cartagine e in Provenza, poi raggiunge la Baviera, la Renania, la Francia settentrionale, la Spagna e l'Inghilterra. Ovunque è uno sterminio.

Nella sua forma più comune, la peste comincia con una febbre leggera. Nel giro di poche ore o di pochi giorni, i malati (è sempre Procopio a raccontare) «vedevano formarsi un bubbone non soltanto in quella parte del corpo che è sotto l'addome ed è chiamata inguine, ma anche sotto le ascelle, e in qualche caso anche dietro le orecchie o in un punto qualsiasi delle cosce». Poi sopravviene il coma o il delirio oppure il bubbone va in cancrena. Altri segni di morte imminente sono la comparsa di pustole nerastre simili a lenticchie su tutto il corpo, o di punti neri sulle mani, o il mettersi a vomitare sangue.

Per Giovanni, la peste è il castigo mandato da Dio per punire gli uomini peccatori, è il «gran tino» in cui tutti «erano stati calpestati e spremuti senza pietà come meravigliosi grappoli d'uva», è il «mietitore in piedi davanti al grano» che «falciava e abbatteva un numero infinito di creature di tutte le età, di tutte le stature e di tutti i gradi, tutte insieme». Procopio non aveva idea della causa della «pestilenza da cui poco mancò che andasse distrutto l'intero genere umano»: per lui, «non c'è alcuna possibilità di esprimere a parole o anche solo d'immaginare col pensiero una qualche spiegazione: resta unicamente da attribuirla al volere di Dio». Senza tirare in ballo l'imperscrutabile volontà divina, noi oggi la spiegazione delle cause e dell'andamento della peste la conosciamo con precisione.

1894: l'ultima grande pandemia di peste, cominciata nel 1855 nella provincia cinese dello Yunnan, colpisce Hong Kong, dove uccide in due mesi centomila persone. Un giovane medico svizzero naturalizzato francese, Alexandre Yersin, che aveva lavorato per l'Istituto Pasteur di Parigi e si era trasferito nel Sudest asiatico, viene inviato a Hong Kong dal governatore francese dell'Indocina, preoccupato che il contagio possa estendersi. Ha il compito di studiare la malattia e cercare di scoprire l'agente patogeno, ma gli inglesi non gli concedono il permesso di lavorare nell'ospedale. Così Yersin si costruisce una baracca, la adatta a laboratorio di fortuna, si procura per suo conto i cadaveri e comincia a studiare i bubboni, ottenendo in breve due risultati fondamentali: in primo luogo, identifica il microrganismo responsabile della malattia, il coccobacillo (cioè un batterio di forma intermedia tra una sfera e un bastoncino) oggi chiamato, in onore dello scopritore, *Yersinia pestis*; poi, partendo dalle testimonianze antiche e dall'esperienza dei contadini cinesi e indiani, in base alle quali in occasione delle epidemie di peste era usuale trovare anche molti cadaveri di ratti, esamina anche questi e scopre nel loro sangue lo stesso batterio.

Tre anni dopo, un altro medico francese, Paul-Louis Simond, è in India allo scopo di mettere a punto una cura per la peste, che continua a provocare milioni di morti. Nel 1898, a Karachi, nell'attuale Pakistan, si accorge che sulla pelle dei malati sono spesso presenti piccole vesciche piene dei batteri scoperti da Yersin. Simond sospetta che il contagio avvenga attraverso la puntura di un insetto. Per dimostrarlo, allestisce un esperimento: chiude in due gabbiette vicine un ratto infetto e uno sano, poi introduce pulci dei ratti non contaminate, e nel giro di qualche giorno anche il ratto sano mostra i sintomi della peste. Scrive Simond nel suo diario: «Sono stato travolto dalla sensazione inesprimibile di aver violato in quel momento un segreto che terrorizzava l'umanità fin dalla comparsa della peste nel mondo».

Grazie alle intuizioni di Yersin e di Simond e alle ricerche successive, possiamo ricostruire con precisione l'habitat originario del batterio della peste e il suo ciclo vitale e fare ipotesi sulle cause che hanno portato alle tre grandi pandemie.

La *Yersinia pestis* è originaria degli altipiani dell'Asia centrale. Probabilmente può infettare qualsiasi mammifero, ma predilige i roditori: in particolare, alcuni roditori selvatici, come le marmotte asiatiche – che sono animali sociali, vivono insieme in tane, ospitano pulci e hanno sviluppato una parziale resistenza alla malattia –, sono il serbatoio in cui il batterio trascorre la sua fase di mantenimento. Attraverso le pulci, però, il batterio può contagiare altre specie animali che hanno più contatti con l'uomo, in particolare il ratto nero. Questo animale non è il serbatoio ideale per il mantenimento, semplicemente perché la malattia causata dal batterio lo uccide in breve tempo, ma è uno straordinario mezzo di propagazione universale, perché è estremamente prolifico (una femmina può figliare cinque volte in un anno, la gestazione dura meno di un mese e il cucciolo raggiunge l'età riproduttiva in tre-cinque mesi), vive in enormi popolazioni, si sposta con grande velocità e, soprattutto, vive insieme agli esseri umani, che gli forniscono cibo e riparo in abbondanza.

Il principale vettore del contagio del ratto nero è la pulce del ratto orientale. La pulce si nutre del sangue di un ratto infetto e ingerisce la *Yersinia pestis*, che blocca il suo apparato digerente. Poi la pulce continua a essere affamata e quando il suo ospite muore salta su un altro ratto in cerca di cibo: mentre succhia il sangue della nuova vittima, l'insetto rigurgita il contenuto del suo stomaco e la *Yersinia pestis* entra nel sangue di un altro ratto. E se non rimangono ratti vivi nei dintorni, perché il batterio li ha sterminati, la pulce, per placare la sua fame, deve accontentarsi del sangue che trova: quello degli esseri umani che, immancabilmente, vivono negli stessi ambienti dei ratti.

Con il suo morso, la pulce inocula i batteri nella pelle. I batteri si moltiplicano annerendo il tessuto circostante, e vengono condotti dal sistema linfatico nel linfonodo più vicino: di solito all'inguine, ma anche nel collo o sotto le ascelle. Dopo tre-cinque giorni compaiono i sintomi, il più tipico dei quali è l'ingrossamento del linfonodo, che diventa un bubbone grosso come un limone o un'arancia, duro e dolente: è la peste bubbonica descritta con precisione da Procopio, la più comune tra le forme della malattia trasmessa dalle pulci. Gli altri sintomi sono appunto febbre, debolezza, mal di testa, delirio. Nell'80% dei casi il malato muore per un'infezione generalizzata nel giro di tre-cinque giorni; altrimenti il bubbone suppura, lasciando una cicatrice, e la vittima può salvarsi, spesso restando debilitata per tutta la vita, a causa degli effetti della necrosi dei tessuti.

Ma può andare anche peggio. Il morso della pulce può iniettare i batteri direttamente in un piccolo vaso sanguigno. In questo caso non si sviluppa il bubbone e la morte sopravviene quasi sempre nel giro di qualche ora, senza essere preceduta da sintomi molto evidenti: è la peste setticemica, terribile e veloce. In una variante, la peste setticemica secondaria, i batteri transitano dal linfonodo al sangue, di cui alterano le capacità di coagulazione. Appaiono per questo macchie sulla pelle, associate a vomito ed emorragie dell'apparato digerente; dalla comparsa delle macchie alla morte certa passano al massimo ventiquattr'ore. Il terzo tipo di peste è quella polmonare: dal sistema linfatico i batteri infettano i polmoni, provocando tosse, catarro sanguinolento e una crisi respiratoria fatale nella quasi totalità dei casi. La peste polmonare è l'unica che si trasmette direttamente da uomo a uomo: le goccioline espulse con la tosse contengono batteri e se inalate da un'altra persona provocano una peste polmonare primaria.

Durante la peste di Giustiniano la peste polmonare non pare abbia avuto un ruolo rilevante, ed è questa la ragione per cui Procopio sostiene che i medici o coloro che avevano contatti con i malati o con i cadaveri non si ammalavano più facilmente degli altri: perché il contagio non era diretto, ma avveniva a causa del morso delle pulci dei ratti.

Però la peste non è entrata nella storia dell'uomo nel VI secolo. La traccia più antica risale a 4900 anni fa: è stato trovato il DNA della *Yersinia pestis* nella polpa dei denti di una donna sepolta in una tomba svedese del Neolitico. Tra i medici antichi, Rufo di Efeso, nel I secolo d.C., descrive i «bubboni pestilenziali» e cita casi in Libia, Egitto e Siria. Quella di Giustiniano, però, è la prima pandemia: la peste ha percorso l'intero mondo conosciuto e si è installata in Europa e nel bacino del Mediterraneo per due secoli. Perché ha colpito proprio allora? Non lo sapremo mai con certezza, ma possiamo considerare una serie di circostanze che con tutta probabilità hanno avuto il loro peso nella reazione a catena che ha condotto alla catastrofe.

In un libro intitolato *Il destino di Roma* lo studioso americano Kyle Harper parla di un «grande domino biologico», che coinvolge «il batterio, l'ospite selvatico (per esempio le marmotte), l'animale che ospita la propagazione del patogeno (il ratto nero), il vettore (la pulce del ratto orientale) e l'essere umano».

Il prerequisito dell'esplosione della pandemia è la rete di strade e di rotte navali, l'interconnessione commerciale e in generale l'avanzata organizzazione economica, sociale e politica dell'Impero romano nella sua ultima incarnazione, quella bizantina con capitale Costantinopoli. Dall'Oriente arriva regolarmente un bene di lusso essenziale, la seta (di cui la Cina è stata a lungo monopolista), tramite la Via della Seta e anche grazie alle navi che dalle coste dell'India attraverso l'Oceano Indiano e il golfo di Aden risalgono il Mar Rosso fino al golfo di Suez. Le merci percorrono l'efficiente sistema costituito dalle strade romane e si accumulano in città che devono sostentare enormi masse di abitanti, e dunque dispongono di magazzini e granai. Navi, strade e granai spiegano la massiccia presenza di ratti neri (non a caso chiamati anche «ratti delle navi»), giunti dal Sudest asiatico nel bacino del Mediterraneo nel II secolo a.C., a giudicare dai resti archeologici, e vogliosi di colonizzare l'Europa proprio al seguito degli eserciti romani.

In un ambiente pronto ad accogliere la pandemia, la scintilla scatenante potrebbe essere stata il clima. Il 536 è stato un «anno senza estate»: per Procopio, «il sole mandò luce senza raggi, alla maniera della luna, per l'intera durata dell'anno, e sembrò del tutto simile a un'eclisse, perché non c'era una luce splendente come il solito», con il risultato, aggiunge Giovanni di Efeso, «che i frutti non raggiungevano la piena maturazione». Il letterato Cassiodoro, prefetto del pretorio del re ostrogoto Vitige e in missione a Bisanzio, conferma che il sole «appare di un colore bluastro» e anche la luna piena «è priva del proprio naturale splendore».

Lo studio dei ghiacciai e la dendrocronologia (un nome complicato dietro il quale si cela la scienza che studia gli anelli di accrescimento degli alberi) hanno permesso di stabilire che all'inizio del 536 un'enorme eruzione vulcanica nell'emisfero settentrionale ha immesso nell'atmosfera milioni di tonnellate di solfati, che hanno oscurato il cielo e ridotto la radiazione solare che giungeva sulla superficie terrestre. Un'ulteriore eruzione è avvenuta nel 539-540, e in generale il decennio fra il 536 e il 545, all'inizio della cosiddetta «Piccola glaciazione della tarda antichità», è stato il più freddo degli ultimi due millenni.

Al di là delle conseguenze sugli esseri umani (in primo luogo la riduzione dei raccolti), questo cambiamento climatico ha inciso sul delicato equilibrio tra *Yersinia pestis*, roditori selvatici, ratti neri e pulci. Un aumento delle piogge sugli altipiani aridi dell'Asia centrale può da un lato aver favorito la crescita della vegetazione di cui si nutrono le marmotte e dall'altro aver allagato le loro tane, incentivando da una parte la crescita del numero di questi animali e dall'altra la migrazione di intere popolazioni. Le variazioni di temperatura influiscono anche sul ciclo vitale del batterio nell'apparato digerente delle pulci: il blocco intestinale che costringe le pulci a mordere i ratti non avviene a temperature troppo elevate, e quindi un clima meno caldo potrebbe aver spalancato all'epidemia le porte dell'India meridionale, da cui partivano le navi cariche di merci dirette verso l'Egitto e, di lì, verso Costantinopoli.

Ciò che è certo è che, uscita dal serbatoio di «mantenimento» dei roditori selvatici dell'Asia centrale ed entrata in quelle formidabili macchine da contagio che sono i ratti neri, la *Yersinia pestis* si dispone a invadere il mondo conosciuto. E dopo la prima, devastante pandemia tra 541 e 544, la peste rimane per due secoli una minaccia costante, con esplosioni sparse nelle varie zone a intervalli irregolari. Nei periodi di calma, il batterio vive una fase di mantenimento anche in roditori selvatici, come succede negli altipiani asiatici, salvo poi infettare di nuovo i ratti neri. Quando la peste torna a Costantinopoli, inevitabilmente si propaga in altre zone dell'impero, a causa dei legami commerciali o dell'invio di soldati impegnati nelle guerre per mantenere il territorio sotto il controllo bizantino. I cronisti riferiscono che anche persone che si erano ammalate durante una o perfino due epidemie passate potevano essere contagiate e morire: contrariamente al virus del vaiolo, infatti, il batterio della peste non lascia a chi si è ammalato ed è guarito un'immunità duratura.

L'ultima esplosione, terribile per violenza e ampiezza

dei territori colpiti, va dal 740 al 747. Da quel momento, la peste abbandona (per sei secoli) l'Europa: quel ramo della specie *Yersinia pestis* si estingue, per ragioni ignote. Bisogna notare, però, che la scomparsa coincide con la fine della Piccola glaciazione della tarda antichità, e con l'inizio del riscaldamento climatico che caratterizza il Medioevo europeo.

La peste di Giustiniano e la sua permanenza nei due secoli successivi segnano e di sicuro concorrono a provocare un enorme rovesciamento storico: da sempre le epidemie hanno un impatto decisivo sulla storia umana, perché sono all'origine di mutamenti economici, sociali e politici.

Abbiamo imparato a scuola che l'Impero romano finisce nel 476 d.C., quando l'ultimo imperatore, il giovane Romolo Augustolo, viene deposto dal re degli Eruli Odoacre. Ma Romolo Augustolo era l'ultimo imperatore d'Occidente; l'Impero romano in quanto tale continua a esistere, anzi a essere la superpotenza tra Mediterraneo e Vicino Oriente. Può contare su importanti risorse che per secoli hanno fatto la sua grandezza (per esempio la disponibilità dell'immenso granaio costituito dall'Egitto), la lingua ufficiale continua a essere il latino, gli abitanti di Costantinopoli continueranno a chiamare se stessi, in greco, *Romáioi*, cioè «Romani». Giustiniano, cresciuto in una famiglia di lingua e cultura latine e salito al trono nel 527, si sente a tutti gli effetti un imperatore romano ed è deciso a continuare l'opera dei suoi predecessori, ampliando e abbellendo Costantinopoli, la «nuova Roma», raccogliendo nell'immenso *Corpus iuris civilis* l'eredità giuridica di Roma e affermando il suo potere combattendo contro i Persiani a oriente e riconquistando i territori a occidente dove stanno sorgendo i regni barbarici.

Insomma, la data che associamo convenzionalmente alla fine dell'antichità e all'inizio del Medioevo, il 476 d.C., appare come una cesura solo con il senno di poi, ma non lo era certo per i contemporanei. A innescare la vera svolta storica è la peste. L'inizio dell'epidemia nel 541 riduce drasticamente gli effettivi degli eserciti, e soprattutto dimezza la popolazione dell'impero, che passa da trenta a quindici milioni di abitanti. Questo innesca una crisi prima militare e poi fiscale, perché le entrate statali crollano, e sugli abitanti sopravvissuti alla pestilenza grava un'aliquota altissima.

È la peste, insomma, a stroncare il sogno di una restaurazione dell'antico impero. Negli anni tra il 541 e il 747, segnati dalle nuove e devastanti epidemie, l'Impero romano rinuncia alla riconquista dell'Occidente e perde l'Africa settentrionale, inghiottita dall'espansione araba. In altre parole, sono i due secoli di peste a segnare il vero passaggio fra la tarda antichità e il Medioevo.

Crimea, metà 1347: la colonia genovese di Caffa (oggi Feodosia), importantissimo porto sul Mar Nero, è attaccata dai mongoli dell'Orda d'oro, padroni di un impero che si estende dalla Cina alla Russia alla Persia. Nell'accampamento degli assedianti scoppia la peste. Secondo una cronaca dell'epoca, i mongoli avrebbero fatto ricorso a una guerra batteriologica *ante litteram*: mettono i cadaveri degli appestati sulle catapulte e li scagliano dentro le mura della città. Quando, a fine settembre 1347, una nave genovese proveniente da Caffa approda a Messina, i membri dell'equipaggio e i passeggeri sono morti o moribondi, e il contagio si diffonde nella città.

È la seconda e più celebre delle pandemie di *Yersinia pestis*, il suo ritorno in grande stile in Europa: la peste nera, detta anche (soprattutto nei Paesi anglosassoni) «morte nera». Tra il 1347 e il 1353 devasta il mondo conosciuto: dal Mar Nero si irraggia verso l'Asia centrale, si estende da est verso ovest nel bacino del Mediterraneo, si diffonde dai porti verso l'entroterra, conquista l'Italia, la Francia, l'Austria, la Germania, le Fiandre, punta a nord verso le isole britanniche e poi colpisce l'Islanda, la Groenlandia, la Danimarca, la Scandinavia e infine chiude il cerchio raggiungendo il principato di Moscovia, cioè il confine invalicabile con le terre conquistate dai mongoli da cui tutto era partito.

Come nel caso della prima pandemia, tutto era cominciato nelle steppe dell'Asia centrale, dove la *Yersinia pestis* trabocca dal suo serbatoio di mantenimento di roditori selvatici e contagia i ratti neri che seguono le carovane. Dal 1331 si diffonde in Cina, dove in alcune zone arriva a uccidere il 65% della popolazione. Nel 1338-1339 colpisce le comunità di cristiani nestoriani sul lago Bajkal (sono stati trovati i segni di sepolture di massa e tre pietre tombali che citano la peste). Prima di arrivare a Caffa, nel 1346 è ad Astrachan. Non è necessario credere alla storia dei cadaveri degli appestati catapultati dentro Caffa: l'azione dei ratti, presenti nell'accampamento mongolo, penetrati senza troppa difficoltà nella colonia genovese e saliti sulle navi, basta e avanza come mezzo di contagio.

Sono numerose le testimonianze dirette della peste nera. La più memorabile, tra quelle letterarie, è quella con cui si apre il *Decameron*. Boccaccio immagina che, durante l'epidemia, dieci giovani (sette donne e tre uomini) lascino Firenze, si rifugino in una villa del contado e raccontino, per dieci giorni, una novella a testa. L'introduzione, però, è il drammatico racconto della «mortifera pestilenza» che nella primavera 1348 si abbatte su Firenze, uccidendo «centomilia creature umane»:

> Quanti valorosi uomini, quante belle donne, quanti leggiadri giovani, li quali non che altri, ma Galieno, Ipocrate o Esculapio avrieno giudicati sanissimi, la mattina desinarono co' lor parenti, compagni e amici, che poi la sera vegnente appresso nell'altro mondo cenaron con li lor passati!

Boccaccio descrive con precisione i sintomi della malattia: i bubboni (che il popolo chiama «gavòccioli») all'inguine o sotto le ascelle, grossi come mele, poi le macchie nere sulla pelle e la morte nel giro di pochi giorni. Nota anche (come racconta Manzoni a proposito della peste del 1630) che il contagio si propaga attraverso le vesti e le cose dei morti, e dice di aver visto coi propri occhi due maiali che, dopo aver toccato col muso e i denti gli stracci di un appestato, «in piccola ora appresso, dopo alcuno avvolgimento, come se veleno avesser preso, amenduni sopra li mal tirati stracci morti caddero a terra». È un'osservazione che va nella direzione opposta rispetto alla testimonianza di Procopio di Cesarea, e potrebbe rivelare che le pulci e i pidocchi dell'uomo, e non del ratto, avevano un ruolo determinante nel contagio.

Anche Boccaccio dà molto spazio alle implicazioni psicologiche ed etiche della peste: la consapevolezza che la morte è in agguato spinge molti ad abbandonarsi ai piaceri; perfino le monache, «rotte della obedienza le leggi, datesi a' diletti carnali, in tal guisa avvisando scampare, son divenute lascive e dissolute». In Germania, al contrario, esplode il movimento dei flagellanti, che praticano forme estreme di penitenza, così violente da essere subito condannate dal papa Clemente VI.

In generale, la peste cambia l'immagine della morte: si diffondono le raffigurazioni della Danza macabra, in cui scheletri beffardi fanno ballare il papa, l'imperatore, i re, i nobili, i ricchi, giù giù fino a comprendere tutte le categorie sociali. La peste è il più formidabile dei *memento mori*.

Di fronte a un'epidemia di cui non si conoscono né le

cause né una cura, una reazione automatica è quella della ricerca dei colpevoli; e i capri espiatori ideali sono gli ebrei, cioè i membri di una comunità separata e discriminata. Si diffonde la convinzione che siano meno colpiti dal morbo, e la causa deve essere per forza il fatto che sono loro ad avvelenare i pozzi per diffondere la peste e sterminare i cristiani. (Naturalmente, ammesso che gli ebrei si ammalassero di meno, le ragioni potrebbero essere ben altre: una maggiore igiene, e dunque una minore presenza nelle loro case di ratti e pulci, o semplicemente l'isolamento rispetto ai loro concittadini cristiani, che li portava ad avere meno occasioni di contagio.)

Si scatena così una lunga serie di persecuzioni sanguinose: la prima a Tolone nel 1348, fino ad arrivare allo sterminio di intere comunità ebraiche, come quelle di Strasburgo, Francoforte, Magonza e Colonia nel 1349. I pogrom procedono di pari passo con l'avanzata della peste, e quindi colpiscono anche le città del Baltico. Gli ebrei in fuga dalla Germania centrosettentrionale trovano rifugio in Polonia e Lituania, e si può dunque sostenere che tra le conseguenze di lungo periodo della peste c'è anche l'insediamento ebraico nell'Europa dell'Est.

Come nel caso della prima pandemia, l'avvento della peste segna uno spartiacque. Tra l'VIII e il XIV secolo, il mondo medievale aveva conosciuto una lenta ma sicura espansione, favorita in primo luogo da un aumento delle temperature (si parla infatti di un «periodo caldo medievale»). L'aumento della popolazione richiedeva un aumento di produzione agricola, tanto che, in assenza di grandi innovazioni tecnologiche per migliorare la produttività, era stato necessario estendere al massimo i terreni coltivati, riducendo le foreste e i prati destinati all'allevamento del bestiame.

All'inizio del Trecento, però, comincia una nuova Piccola glaciazione, e inverni rigidi ed estati più corte e piovose provocano numerose carestie: è un mondo sovrappopolato rispetto alle risorse a disposizione. E ancora una volta, al cambiamento climatico segue l'arrivo della peste. Secondo una stima commissionata da papa Clemente VI, i morti in Europa per la peste nera ammontano a 23.840.000: poco meno di un terzo degli abitanti, e le ondate successive, ravvicinate e violentissime, continuano a colpire città e campagne. Occorreranno secoli perché la popolazione europea torni ai livelli di inizio Trecento.

In brevissimo tempo, un evento naturale – l'epidemia – rovescia la realtà sociale, economica, produttiva. In un mondo fino a quel momento sovrappopolato e denutrito, ci sono non solo meno bocche da sfamare, ma anche meno braccia per lavorare. Le città quasi deserte attirano la gente di campagna che vuole inurbarsi. I proprietari terrieri tentano di trattenere i propri contadini, ma la legge della domanda e dell'offerta è inesorabile: siccome c'è richiesta di manodopera, i lavoratori vanno dove le condizioni sono migliori, e i loro salari aumentano. La diminuzione della popolazione rende possibile ridurre i campi coltivati a cereali: così si fa spazio all'allevamento del bestiame, per l'alimentazione e per la produzione di lana.

Detto in modo brutale: chi ha la fortuna di sopravvivere sta sicuramente meglio di prima. La grande crisi del Trecento, di cui la peste rappresenta il momento culminante, è la premessa della crescita nell'età moderna. Se la peste di Giustiniano ha segnato la fine della tarda antichità e l'inizio del Medioevo, la peste nera segna invece il passaggio dal Medioevo al Rinascimento.

Dopo la morte nera, la peste non abbandona l'Europa, anzi torna periodicamente a esplodere provocando milioni di morti: basti pensare alle due più famose pestilenze dal punto di vista letterario, quella del 1630 raccontata da Manzoni nei *Promessi sposi* e nella *Storia della colonna infame* e quella di Londra del 1665. L'ultima epidemia catastrofica è la peste di Marsiglia del 1720, che provoca 80.000 morti nella Francia del sud. Si è sostenuto che la peste è diventata endemica in Europa grazie alla presenza di roditori selvatici (per esempio le marmotte alpine) in grado di fare da serbatoio di mantenimento della *Yersinia pestis*. In verità, questa presenza potrebbe non essere stata necessaria. Studi recenti hanno esaminato tutti i focolai documentati, e la tendenza che emerge mostra che i nuovi focolai spesso riguardano città portuali, cioè i luoghi dove arrivavano navi, merci e persone dall'Oriente. Dunque è possibile che la peste sia stata continuamente reintrodotta con modalità simili a quella iniziale, e poi sia dilagata grazie alle solite condizioni favorevoli (la presenza di ratti e di parassiti).

Insomma, le pandemie di peste dimostrano che facilità di spostamento di merci e persone, condizione essenziale dello sviluppo non solo economico dell'umanità, significa anche facilità di contagio. E proprio la continua minaccia della peste ha fatto nascere misure di sanità pubblica valide tuttora, nonostante fossero tutt'altro che chiare le cause della malattia e le modalità del contagio.

Come sa chiunque abbia letto alcune celebri pagine dei *Promessi sposi*, la colpa dell'epidemia di norma veniva attribuita o a malvagi untori, avvelenatori volontari che evidentemente detenevano un'arma spaventosa, o a influssi astrali (le congiunzioni di cui parla l'aristotelico don Ferrante) o a vapori velenosi, i cosiddetti «miasmi». Ma al di là delle teorie (sbagliate), i medici e i responsabili della sanità pubblica si erano resi conto che i malati erano in qualche modo coinvolti nella diffusione della malattia.

Già durante la peste nera, una città come Milano era riuscita a contenere sotto il 15% il numero dei morti attraverso rigidi controlli sulle persone che intendevano entrare in città e misure di isolamento per i malati (che venivano murati nelle loro case e alimentati attraverso le finestre, proprio per ridurre al minimo i contatti con i sani). A Venezia, invece, le navi in arrivo dovevano fermarsi quaranta giorni nella laguna: solo se, dopo la «quarantena», nessuno si era ammalato, le navi potevano sbarcare equipaggio e merci. Più avanti nascono nelle città i lazzaretti, sempre con lo scopo di separare i malati dai sani per impedire la diffusione del contagio.

Non sappiamo perché, dopo quattro secoli, la peste lascia finalmente l'Europa. Sappiamo però, come abbiamo visto, che a metà Ottocento scoppia in Cina la terza pandemia. Dopo aver ucciso milioni di persone nel Sud-est asiatico e in India ed essersi diffusa in tutto il mondo grazie ai piroscafi, la peste è stata dapprima contenuta grazie alle misure di igiene pubblica rese più facili dalla scoperta, grazie a Yersin e a Simond, dell'agente patogeno e dei suoi vettori animali, e poi curata con efficacia, dopo la Seconda guerra mondiale, grazie agli antibiotici.

Ma la peste è tutt'altro che scomparsa: in tutti i continenti tranne che in Australia ci sono popolazioni di roditori selvatici infetti che fungono da serbatoi (in Europa solo al suo confine sud-orientale, nel Caucaso), ogni anno ci sono 1000-2000 nuovi casi tra India, Cina, Madagascar, Sud America, ma anche negli Stati Uniti, tra California e Colorado. Ma, cosa più inquietante, la *Yersinia pestis* è ben presente negli arsenali della guerra batteriologica. Non è così per molti virus, che al contrario sono in libertà, ci infettano e ci mettono in pericolo. Vediamo come.

4

Il virus e l'ospite

Sulla riva di un fiume, uno scorpione chiede a una rana di essere trasportato dall'altra parte. La rana non ne vuole sapere: non può fidarsi di una creatura tanto pericolosa.

«Non devi avere paura» dice lo scorpione. «Se ti facessi del male durante la traversata, io, che non so nuotare, morirei insieme a te.»

La rana riconosce che l'argomentazione è sensata e accetta di caricare il pericoloso compagno sulla groppa. A metà della traversata, però, lo scorpione la punge con il suo micidiale aculeo.

«Perché l'hai fatto?» chiede la rana moribonda.

«È la mia natura» risponde lo scorpione, e annega.

Nella vita la differenza tra le cose vive e quelle non vive è in generale molto evidente. Una mucca è viva, una bistecca no. Anche scendendo nelle dimensioni nessuno si confonde: la zanzara è viva, un granello di sabbia e un diamante no. Pure arrivando a parlare di microrganismi, nessuno mette in dubbio che lo streptococco che ci causa la tonsillite sia vivo. In modo altrettanto evidente, i lieviti che – più piacevolmente – ci consentono di godere del vino, della birra, del pane e della pizza rientrano nella categoria dei viventi.

Però quando arriviamo ai virus la cosa si fa molto difficile. Perché un virus non è solo molto piccolo, ma è anche qualcosa di unico, strano e intrigante. Intrigante dal punto di vista sia biologico sia culturale.

Un coniglio, una mucca, un batterio o un lievito sono entità definite e, nelle giuste condizioni, riescono a replicarsi, ad aumentare di numero, insomma a vivere. Il virus no.

Un virus è un qualcosa che riesce a replicarsi soltanto all'interno di un ospite. Un virus dei polli si replica nei polli, un virus dei bovini nei bovini, un virus umano nell'uomo. È quello che tecnicamente chiamiamo «parassita intracellulare obbligato». *Parassita* perché sfrutta tutti i meccanismi di una cellula a suo vantaggio; *intracellulare* perché questo sfruttamento avviene all'interno di una cellula e non nell'ambiente esterno; infine *obbligato* perché non ha alternative. O si replica da parassita all'interno di una cellula, o non si replica.

Dunque un virus è – visto da una certa angolazione – qualcosa di vivo perché riesce a moltiplicarsi, a diffondersi, a causare delle malattie e talvolta a sconvolgere il mondo con terribili epidemie; però questo avviene solo quando riesce a trovare il suo ospite, all'interno del quale replicarsi. Dall'angolazione opposta – quando il suo ospite manca – è invece una piccolissima particella di materia inanimata e inerte: in questo caso assomiglia più alla bistecca che alla mucca.

Cosa stabilisce dunque in maniera inequivocabile se un virus – lo stesso virus – è una bistecca o una mucca? La disponibilità di un ospite. Se un virus ha un ospite da infettare, all'interno del quale si può replicare e dal quale si può diffondere, è una mucca viva. Ma se quell'ospite non c'è è al contrario una bistecca inerte.

Avete capito bene: un virus – lo stesso identico virus – è vivo o morto a seconda di un elemento a lui completamente estraneo. Un virus che colpisce le galline è un virus, perché può infettare le galline e replicarsi. Ma un virus che colpisce i dinosauri, immaginando che sia rimasto infettivo nell'ambiente dal Giurassico fino a oggi, non è un virus, ma solo qualcosa di completamente inanimato, perché i dinosauri si sono estinti. In questo caso il virus è diventato una bistecca, ma se riapparissero i dinosauri, come è accaduto in qualche film di fantascienza, tornerebbe magicamente un virus.

Insomma, il virus è legato all'ospite come lo scorpione era legato alla rana nella storia raccontata poco fa. E proprio come lo scorpione può uccidere la rana, così il virus può danneggiare l'ospite, anzi, spesso effettivamente lo danneggia. I virus hanno la potenzialità di fare ammalare l'ospite, di farlo morire, addirittura di farlo sparire. Un virus molto contagioso e molto letale per una certa specie animale può letteralmente causarne l'estinzione: ma farà la fine dello scorpione che punge la rana. Estinguendo il suo ospite anche il virus morirà con lui.

Immaginiamo allora il virus-scorpione – contagiosissimo e letale – che arriva in un villaggio del Neolitico: infetta gli abitanti, li uccide tutti e sparisce insieme all'ultimo uomo, perché non ha più nessun ospite in cui replicarsi. Durerà nell'ambiente per il tempo in cui potrà mantenere la propria capacità di infettare (in generale un tempo molto breve, per i virus) e poi sparirà dal mondo. Morirà la rana (l'ospite) insieme allo scorpione (il virus) e nessuno dei due arriverà all'altra sponda del fiume, che nel nostro caso è costituita dal futuro.

Però ci sono degli scorpioni (e dei virus) che non pungono la rana. Oppure che la pungono, ma le iniettano pochissimo veleno e in questo modo non le impediscono di nuotare e di arrivare in salvo al di là del fiume. Tutti i virus che noi conosciamo si sono comportati così. Hanno trovato il modo di infettare il loro ospite e farlo ammalare, ma senza farlo estinguere. In qualche modo sono riusciti a trovare un *modus vivendi*, una specie di compromesso con l'essere vivente che infettano, così da garantire a entrambi un posto nel mondo. Il virus che si replica, e l'ospite che sopravvive. E nel caso dei virus umani l'ospite che sopravvive siamo noi.

Però non basta. Se il virus riuscisse a replicarsi in un solo ospite potrebbe durare il tempo della malattia o – riuscendo a infettare in maniera permanente il paziente – al massimo il tempo della vita dell'ospite. Morto l'ospite, sparirebbe anche lui. Per questo il virus, oltre a infettare un individuo replicandosi nelle sue cellule senza ucciderlo (o senza ucciderlo troppo spesso), deve imparare a fare anche un'altra cosa indispensabile e difficilissima. Deve tentare di uscire dal primo ospite nel quale si sta replicando per entrare in un secondo ospite e replicarsi anche dentro di lui, e poi passare a un terzo, quarto, quinto ospite e così via. Solo in questo modo potrà evitare l'estinzione.

Questo trasmettersi da un individuo all'altro si chiama infezione, e infatti i virus sono agenti infettivi che basano la loro esistenza sulla trasmissibilità. Saltare da un uomo a un altro non è facilissimo, e per farlo i virus sono costretti prima a replicarsi all'interno di un soggetto e poi a passare da un individuo infettato a uno sano.

Il primo passaggio, dunque, è la replicazione. Per capire come i virus si replicano nelle nostre cellule è indispensabile spiegare come funzionano le cellule, visto che è in questo funzionamento che i virus si inseriscono, piegandolo con uno scaltrissimo inganno a loro completo vantaggio.

Anche se sembra impossibile da immaginare, tutte le nostre cellule provengono dalla divisione di un'unica cellula iniziale, generata – in un momento di solito molto lieto – dall'unione dello spermatozoo, fornito da nostro padre, con l'ovulo, che è stato invece messo a disposizione da nostra madre. Quella cellula da cui tutto il nostro corpo deriva ha al suo interno una molecola che avete certamente sentito nominare: si chiama DNA e ogni volta che la cellula che la contiene si replica, diventando due cellule, si replica anche il DNA, in modo che ognuna delle due cellule appena generate riceva una della due copie identiche di DNA.

In questo modo ogni nostra singola cellula ha quello stesso DNA, che è unico per ogni individuo e diverso da quello di tutte le altre persone (a meno di non avere un gemello omozigote), il che ha consentito la soluzione di numerosi fatti di cronaca nera e la stesura delle sceneggiature di molte serie televisive a carattere poliziesco. Ma cosa contiene questo DNA? Per capirlo bisogna prima sapere che le nostre cellule sono diverse l'una dall'altra perché contengono proteine diverse. Le proteine, caratterizzate solitamente dal suffisso *-ina*, sono molecole molto complesse, che per esempio consentono a una cellula muscolare di contrarsi (in questo caso si tratta dell'actina e della miosina), alle cellule della nostra cute di essere resistenti (parliamo allora della cheratina), a quelle del nostro sangue di trasportare l'ossigeno (con l'emoglobina)...

La presenza di alcune proteine al posto di altre rende diverse e specializzate in una certa funzione le cellule del nostro corpo. Queste proteine diversissime tra loro, in realtà, sono tutte costruite da venti blocchi essenziali che si chiamano aminoacidi. Avete capito, immaginatevi di avere una scatola di Lego con soli venti tipi di mattoncini: assemblandoli in modo diverso le nostre cellule riescono a produrre tutte le proteine di cui abbiamo bisogno. Questi mattoncini – gli aminoacidi – li assumiamo con la dieta (alcuni li sappiamo anche sintetizzare partendo da sostanze diverse, altri no) e vengono montati in ogni cellula nell'ordine esatto che sarà in grado di generare le diverse proteine. Un certo ordine darà luogo all'emoglobina, un ordine diverso (degli stessi mattoncini) porterà a ottenere la miosina, un altro ancora l'actina e uno ulteriormente diverso la cheratina. In altre parole, il montaggio di diverse proteine renderà diverse le singole cellule e le renderà capaci di svolgere le funzioni che, tutte insieme, ci consentono di vivere.

Come vengono costruite le proteine? La cellula umana ha al suo interno delle «macchine» che riescono a montare con grande efficienza i «mattoncini» nel giusto ordine, ma come fanno a ricevere le istruzioni per assemblare tutto nel modo corretto? A questo pensa il DNA. Nella sequenza del DNA ci sono le istruzioni per sintetizzare tutte le proteine, dalla prima all'ultima presente nel nostro corpo. C'è l'istruzione che indica l'ordine di mattoncini che corrisponde a quello dell'actina, della miosina, dell'emoglobina, della cheratina: questo in tutte le cellule. Ma cosa fa sì che in una cellula vengano sintetizzate l'actina e la miosina, dando luogo a una cellula muscolare, e in un'altra l'emoglobina, producendo un globulo rosso?

Arriviamo così a un punto fondamentale e anche un

po' complicato. L'ordine esatto degli aminoacidi necessario per costruire una certa proteina è presente nel DNA, come abbiamo detto, ed è quello che si chiama gene. Ma se ogni cellula possiede il DNA di tutti i geni, come fa a sintetizzarne alcuni e altri no? In realtà nel DNA non ci sono solo i geni, ma ci sono anche delle sequenze di controllo, vicino ai geni, che funzionano come elettrocalamite controllate da interruttori. Se l'interruttore è spento la calamita non attrae niente, se l'interruttore è acceso invece attrae una molecola di una proteina che si chiama RNA polimerasi ed è deputata a copiare l'istruzione dal DNA in un'altra molecola. La molecola prodotta quando l'istruzione del DNA viene copiata si chiama RNA messaggero, perché in effetti il suo ruolo è quello di portare, proprio come un messaggero, le istruzioni per il montaggio di una certa proteina dal DNA «acceso» ai ribosomi, le macchine che sintetizzano le proteine mettendo in ordine i diversi mattoncini di Lego.

I ribosomi, dal canto loro, riconoscono una regione particolare dell'RNA messaggero, ci si attaccano e cominciano a sintetizzare una proteina seguendo le istruzioni in esso contenute, che erano già contenute nel DNA e che il «messaggero» ha portato ai ribosomi. Un po' come quando siete al ristorante, ordinate dal menu i piatti che vi aggradano, il cameriere li annota sul suo taccuino e porta la comanda in cucina, dove le pietanze vengono preparate. Voi siete il DNA, il cameriere è l'RNA messaggero e il cuoco è il ribosoma.

Quindi, semplificando, in una cellula muscolare nel DNA arriva il comando di accensione alle due elettrocalamite che controllano la sintesi di miosina e actina. Quando le calamite sono accese riusciranno ad attirare l'RNA polimerasi che copierà il DNA in RNA messaggero. Questo RNA messaggero uscirà dal nucleo della cellula (è nel nucleo che si trova il DNA e lì avviene la sintesi dell'RNA messaggero), i ribosomi riconosceranno una regione della molecola alla quale riescono ad attaccarsi, e la proteina verrà sintetizzata correttamente. Mentre nella cellula muscolare saranno accesi i geni che consentono la sintesi di miosina e actina e sarà spento quello che consente la sintesi di cheratina, nella cellula della nostra pelle avverrà il contrario: accesa la cheratina e spente miosina e actina. Questa è un'immensa semplificazione di come le nostre cellule diventano differenti l'una dall'altra pur avendo lo stesso DNA: è tutta una questione di «interruttori» accesi e spenti.

A questo punto, però, vorrei farvi notare una cosa: la regolazione della sintesi delle proteine avviene nel DNA, perché è lì che sono gli interruttori. Una volta che l'interruttore è acceso e l'RNA messaggero viene sintetizzato, tutto il resto va in automatico.

Abbiamo capito allora come è regolata la vita di una cellula. Gli interruttori del DNA vengono accesi a comando, dal DNA partono le istruzioni per i ribosomi sotto forma di RNA messaggero e infine il ribosoma si attacca all'RNA messaggero e produce la proteina. Come fa un virus a sconvolgere una cellula costringendola a smettere di fare quello che sta facendo e spingendola al comportamento – spesso suicida – che la porta a diventare una fabbrica di virus?

Un virus è qualcosa di semplicissimo. Una scatola con dentro un gene (chiamato «genoma virale») che serve a sintetizzare tutte le proteine necessarie al virus per replicare il suo genoma e costruire nuove scatole dove mettere i nuovi genomi, per uscire dalla cellula infettata e ormai morente, e arrivare in un'altra cellula, possibilmente quella di un altro individuo. In altre parole il virus esiste per fare esclusivamente una cosa: arrivare dentro una cellula, prenderne il comando e costringerla a generare molte migliaia di virus a partire da quello iniziale. Scatole con dentro i genomi, pronti a infettare altre cellule e altri individui.

La scatola del virus, che si chiama «capside» ed è costituita da proteine prodotte sulla base di informazioni presenti nel genoma virale, serve sostanzialmente a due cose. La prima è banale: deve fornire al genoma una protezione che gli consenta di rimanere integro per il tempo che serve a infettare un'altra cellula. La seconda è meno scontata: la scatola, oltre a proteggere il genoma del virus, deve consentirgli l'ingresso in una cellula non infettata. Se questo passaggio cellula-cellula avviene solo all'interno dello stesso individuo, non abbiamo trasmissione e il virus muore insieme all'ospite che ha infettato. Se questo passaggio avviene invece dalla cellula di una persona alla cellula di un'altra, ecco che abbiamo il contagio.

La natura della scatola che contiene il genoma del virus è importantissima in termini pratici. Se la scatola è molto fragile, il virus si potrà trasmettere solo ed esclusivamente con contatti estremamente ravvicinati, come quelli sessuali. È il caso, per esempio, del virus HIV. Se la scatola al contrario è più resistente, e magari permette al virus di resistere integro nell'ambiente esterno per qualche ora, la situazione sarà completamente diversa. In questo caso, infatti, la trasmissione non avrà bisogno di un contatto ravvicinatissimo, come un rapporto sessuale. Il virus riuscirà a passare da una persona all'altra anche quando un paziente infettato starnutisce parandosi la bocca con la mano e con questa afferra una maniglia che viene poi toccata da qualcun altro, che a sua volta si porta alla bocca la mano contaminata: anche se fa un po' schifo, è così che succede nel caso del raffreddore, dell'influenza e pure del nuovo coronavirus.

Altre volte il virus deve essere ancora più resistente, perché si trasmette per via oro-fecale. Questo purtroppo fa ancora più schifo, perché significa che una piccola traccia di escrementi proveniente da un individuo infetto, che elimina il virus con le feci, riesce a contaminare l'acqua o il cibo che utilizzano altre persone. In questo caso il tempo che passa tra il momento dell'uscita del virus dal paziente e l'infezione della persona sana può essere lungo, anche di giorni, per cui i virus che hanno scelto questa via di trasmissione – come per esempio il virus dell'epatite A o il virus che causa la poliomielite – sono solitamente dotati di «scatole» molto robuste. In generale i virus più resistenti sono quelli che hanno una scatola fatta solo di proteine, quelli meno resistenti sono costituiti anche da una struttura molto più labile, derivata dalla membrana esterna della cellula, che si chiama – con un termine inglese – *envelope*, una specie di tunica. Se questa tunica si rompe il virus non riesce più a infettare. Questo involucro è una struttura solitamente fragilissima: per romperla basta un po' di sapone. Per fortuna la gran parte dei virus rientra in questa seconda, labile, categoria.

Come abbiamo detto, la scatola, oltre a proteggere il genoma del virus dalle «intemperie», serve anche a un altro passaggio fondamentale: consente al virus di fare entrare il suo genoma all'interno della cellula. Questo è uno dei momenti in cui il virus dà prova della sua «intelligenza», visto che il modo in cui riesce a ingannare la cellula è indubbiamente affascinante.

Per entrare in casa nostra ci vuole una chiave, e anche per entrare in una cellula non è poi troppo diverso. Ma la cellula non ha certamente la sciocca idea di costruire una porta da cui può passare un virus potenzialmente letale, così come noi non siamo soliti lasciare le chiavi davanti al nostro portone per agevolare il lavoro ai ladri che vogliono svaligiarci l'appartamento. Tuttavia una porta chiusa non è sempre una difesa efficace: un ladro può utilizzare una chiave falsa che, pur non essendo perfettamente identica a quella vera, riesce comunque a fare scattare la serratura. È esattamente quello che fa il virus. Sulla superficie della cellula ci sono tante porte indispensabili alla sua vita e al nostro intero organismo: il virus entra perché riesce a dotarsi di una chiave falsa che sblocca una di queste serrature. Dove la trova? Provando e riprovando e sfruttando i suoi errori, come vedremo più avanti quando spiegheremo da dove vengono i virus che ci contagiano.

La natura della porta che viene aperta è importantissima, perché il virus riuscirà a entrare solo nelle cellule dove questa porta è presente. Se la porta è presente principalmente nelle cellule del fegato, il virus entrerà lì e causerà un'epatite; se invece si trova nelle cellule della mucosa nasale, il virus causerà un raffreddore; se si trova nelle cellule del sistema immunitario, il virus danneggerà questa parte del nostro organismo. Quest'ultimo caso è ciò che accade con il virus HIV.

Siamo arrivati al momento in cui il virus è riuscito a forzare la porta di una nostra cellula. Se ci fossero stati degli anticorpi contro la sua chiave falsa, che sono proprio quelli che vengono suscitati dai vaccini, il virus non avrebbe potuto usare il grimaldello e noi ci saremmo salvati dall'infezione. Ma in questo caso ipotetico gli anticorpi mancano e siamo vicini al momento decisivo. Il virus è entrato e il genoma virale è rilasciato all'interno della cellula: cosa accade?

Il genoma virale è particolare: può essere fatto di DNA, come quello della cellula, oppure di RNA, come l'RNA messaggero. Se il genoma virale è fatto di DNA, tipicamente ha delle calamite potentissime sempre accese, senza interruttori. L'RNA polimerasi, quella che sintetizza l'RNA messaggero, verrà attratta da queste calamite immensamente più forti di quelle presenti nel DNA della cellula. In altre parole, il virus ha un DNA che inganna la cellula facendole credere che le sue proteine sono importantissime per lei, e che la sintesi è urgente e deve essere eseguita prima di ogni altra cosa.

Così, nella cellula infettata non verranno sintetizzati gli RNA messaggeri che codificano per l'actina, per la miosina o per la cheratina, ma quelli per le proteine che servono al virus per prendere il comando della cellula, replicare il suo genoma e costruire le scatole dove impacchettarlo, uscendo infine dalla cellula stessa e se possibile anche dall'individuo contagiato. Come abbiamo detto, il controllo della sintesi delle proteine è attuato solo dagli interruttori presenti nel DNA. Nel momento in cui il virus è riuscito a ingannare la cellula facendole credere che le proteine da sintetizzare in maniera abbondante e urgente sono le sue, verranno prodotti i relativi RNA messaggeri e i ribosomi sintetizzeranno le proteine virali senza battere ciglio. Il gioco è fatto, perché alcune di queste proteine bloccheranno le funzioni della cellula privilegiando tutto quello che serve per la moltiplicazione virale.

Se invece il genoma è a RNA, la questione è spesso ancora più semplice. Ricorderete che i ribosomi – le macchine cellulari che costruiscono le proteine – eseguono le istruzioni contenute nell'RNA messaggero, e in particolare riconoscono una regione dell'RNA messaggero alla quale si attaccano: da lì in poi fanno il loro lavoro, diciamo così, in automatico. Al virus con un genoma fatto di RNA basta inserire al suo interno un sito che attrae in maniera potentissima i ribosomi. A quel punto i ribosomi, ingannati, penseranno che quel pezzo di RNA non è il genoma del virus, ma un RNA messaggero che serve alla cellula. Così lo utilizzeranno per sintetizzare le proteine del virus al posto di quelle della cellula, e anche in questo caso la partita sarà chiusa: alcune di queste proteine serviranno a prendere il comando e a replicare tantissime volte il genoma, producendo una gran quantità di finti RNA messaggero.

Vi ricordate l'esempio del ristorante? Il DNA ordina, l'RNA messaggero è la comanda del cameriere che porta gli ordini in cucina, il ribosoma quello che fisicamente prepara i piatti. In questo caso il ribosoma lavora come un cuoco rigoroso e pure un poco ottuso, che non si pone il problema della correttezza della comanda, fidandosi del cameriere che ha parlato con l'avventore. Per cui si legherà all'RNA che costituisce il genoma virale, pensando di trovarsi davanti quello che serve per la sintesi di una proteina indispensabile della cellula, e la sintetizzerà. In realtà il ribosoma non sintetizzerà una proteina cellulare, ma delle proteine virali. Alcune andranno a costituire le scatole dei nuovi virus, altre bloccheranno le funzioni della cellula e in particolare una di esse servirà a replicare l'RNA del virus. Così uno degli effetti del lavoro del ribosoma sarà quello di aumentare il numero delle molecole che sono lì per ingannarlo. Anche in questo caso, per il virus il gioco è fatto.

Per riassumere, rinnoviamo l'esempio del ristorante. Voi arrivate, ordinate, il cameriere porta la comanda e il cuoco esegue. Il virus, quando ha un genoma fatto di DNA, praticamente si sostituisce al cliente, che ipnotizza il cameriere e gli fa scrivere una comanda di cento piatti, che arriverà in cucina e verrà eseguita senza esitazione. Oppure, se è un virus a RNA, ancora più semplicemente riesce a far comparire delle comande in cucina. La beffa finale è che una di queste comande sarà: «Scrivi altre mille comande identiche a questa», e il cuoco obbedirà senza battere ciglio e preparerà anche i piatti indicati in queste comande supplementari. Possiamo proprio dire che il pranzo è servito.

Insomma, il virus è una specie di formula magica che si inserisce nella normale attività della cellula, un comando sbagliato che ordina a tutto il meccanismo in maniera imperativa: «Smetti di fare quello che fai e mettiti a mia disposizione: mi servono nuove scatole e nuovi genomi per uscire da te ed entrare in un'altra cellula, e se possibile in un'altra persona». Ed è quello che puntualmente accade nella cellula infettata.

Il fatto che il virus utilizzi per la gran parte i meccanismi replicativi delle nostre cellule rende molto difficile lo sviluppo di farmaci antivirali. Infatti un farmaco antivirale deve colpire il virus ma non l'uomo; tuttavia nel momento in cui il virus lascia fare quasi tutto alla cellula, piegandola con l'inganno ai suoi ordini, comprendete che non è semplice creare un proiettile che colpisca lui e non noi. Ottenere gli antibiotici è stato molto più semplice: i batteri sono ben diversi dalle cellule umane, hanno strutture fondamentali di cui non possono fare a meno e che noi non abbiamo. Una di queste, per esempio, è la parete batterica. I microbi ce l'hanno, se si altera muoiono; noi non ce l'abbiamo. Una sostanza che colpisce la parete batterica ucciderà i batteri e non gli uomini: e infatti proprio questo fa la penicillina, ammazza i batteri e non ammazza noi.

Sviluppare farmaci antivirali è stato invece immensamente più complesso: i virus utilizzano per la grandissima parte proteine umane, e colpire queste vuole dire danneggiare virus e paziente. Ecco perché bisogna mettere a punto farmaci che blocchino le pochissime proteine che sono esclusive del virus, e identificare le sostanze adatte è stato difficilissimo. Però, la scienza ci è riuscita: vedremo nel capitolo sul virus HIV quanto siano stati importanti questi farmaci nel salvare l'umanità da un'epidemia che a un certo punto sembrò terrificante.

Questo capitolo, tuttavia, ha lo scopo di spiegarvi l'intelligenza apparente dei virus, e adesso possiamo farlo, mettendo in evidenza una differenza fondamentale tra questi e le cellule umane. Le nostre cellule custodiscono gelosamente l'integrità e la sequenza del loro DNA. Quando una cellula si replica sdoppiandosi in due, anche il DNA deve essere replicato: da una singola molecola è indispensabile ottenerne due identiche. Questo processo viene portato avanti con grandissima cura da proteine che, mentre copiano la molecola del DNA, controllano momento per momento che questa replicazione sia corretta. Se si accorgono che c'è uno sbaglio, immediatamente lo correggono.

I virus invece – soprattutto quando hanno un genoma fatto di RNA – sono immensamente più faciloni nel loro replicarsi. La maggior parte di loro si moltiplica molto velocemente e senza preoccuparsi troppo della fedeltà della replicazione. Mentre le cellule umane (e animali, e pure i batteri!) controllano che la replicazione sia corretta e se è sbagliata mettono le cose a posto, i virus no: replicano, e se c'è uno sbaglio pazienza. Gli scienziati chiamano questa attività di controllo «correzione delle bozze». Le cellule umane lo fanno, e la loro replicazione è quasi priva di errori; i virus non lo fanno, e sbagliano a più non posso.

Qui arriva la parte più affascinante: riuscire a rendere un difetto, una debolezza, un errore la parte più efficace del proprio progetto. Io ho sempre guardato con grande ammirazione chi ha ideato programmi come *Paperissima*. Ha preso quello che veniva gettato via (le riprese dove attori e presentatori sbagliavano) e l'ha trasformato in un grande successo televisivo. Lo stesso, in qualche modo, fanno i virus. Trasformano i loro infiniti errori, dovuti alla sciatteria con la quale replicano il loro genoma, nella loro agghiacciante intelligenza. Ma come?

Tutto sommato è molto semplice: la replicazione virale è la più diretta conferma delle teorie darwiniane, che si basano fondamentalmente sulla sopravvivenza del più adatto all'interno di un certo ambiente. Immaginiamo il virus della rabbia, ma in una fase iniziale della sua evoluzione, quella in cui ancora si replicava solo nelle ghiandole salivari senza causare altri effetti. A un certo punto, tra i mille errori fatti dal virus, una variante virale si è dimostrata capace di fare impazzire l'animale, rendendolo ferocissimo. Certo, questa variante è saltata fuori per caso, come infinite altre: la variante che rendeva l'animale buono, quella che lo rendeva assonnato, quella che lo rendeva affamato. Ma un animale buono, affamato, assonnato non diffonde il virus con maggiore efficienza: è il motivo per cui queste varianti si sono perse. Non hanno conferito al virus alcun vantaggio evolutivo.

Al contrario la variante che ha reso il cane inferocito aveva un grande vantaggio: l'animale mordeva di più e quindi trasmetteva di più il virus. Questa variante, quindi, non solo non si è persa, ma è diventata dominante. Lo stesso vale per quella che impediva all'animale di deglutire facendo ristagnare saliva – e virus – nella sua bocca pronta al morso. La variante che faceva fare più pipì al cane, quella che gli faceva perdere il pelo, quella che gli annebbiava la vista si sono tutte perse nel nulla: anche in questo caso non conferivano alcun vantaggio. Al contrario quella che aumentava la quantità di virus si è conservata, perché gli consentiva di essere trasmesso meglio.

Insomma, il virus è stupidissimo e fa miliardi di miliardi di errori, ma ha un vantaggio: il mondo esterno gli seleziona quelli che sono utili per la sua replicazione, e butta via gli altri. Il virus è come un incapace giocatore di scacchi che fa tutte le mosse possibili in un numero altissimo di scacchiere; poi però arriva un maestro bravissimo che butta via tutte le scacchiere, tranne quella in cui ha fatto la mossa migliore. In queste condizioni, anche se non si sa giocare a scacchi è facile battere un campione!

I virus, quindi, sbagliano. Gli errori inutili o dannosi vengono persi immediatamente, mentre quelli utili vanno avanti. Il virus del raffreddore che non vi fa starnutire si è perso mentre quello che vi fa spruzzare rumorosamente goccioline infettive è ancora qui tra noi, perché aveva un vantaggio. Il virus che faceva morire di AIDS in tre mesi si è perso, mentre quello che ha lasciato i pazienti vivi, infettivi e apparentemente sani per alcuni anni è quello che ancora può contagiarci. Il virus dell'influenza che si trasmette solo quando il paziente ha la febbre si è perso nell'evoluzione, mentre la variante che rende la persona infettiva fin dai primi starnuti è ancora qui a turbarci nei mesi invernali.

Insomma, i virus sbagliano, sbagliano sempre. Ma siccome la natura seleziona per loro lo sbaglio più conveniente, alla fine fanno sempre la cosa giusta. È facile giocare con successo al Superenalotto mettendo cifre a caso se qualcuno butta via le schedine dove abbiamo scritto i numeri sbagliati. Alla fine si vince sempre. E infatti i virus che ci circondano vincono sempre.

Ma in cosa consiste la vittoria per un virus? In una parola fantastica per i virus e terribile per noi: epidemia.

5

Epidemia: quando è il virus a vincere

Un fulmine colpisce un albero che si infiamma: la foresta è secca, le piante ricoperte di resina, il fuoco si diffonde. Un albero riesce a incendiare due alberi, quei due alberi ne incendieranno quattro, poi otto, sedici e così via. Con i virus succede la stessa cosa. Quando si diffondono, c'è un numerino fondamentale, che gli scienziati chiamano «tasso netto di riproduzione». Questo numero, molto semplicemente, dice quante persone riesce a contagiare mediamente una persona infettata. Nel caso della foresta sopra descritta il fuoco ha un numero di riproduzione pari a 2.

Ci viene a questo punto in mente la leggenda sulle origini del gioco degli scacchi. Il loro inventore che chiese al re per ricompensa un chicco di grano nella prima casella della scacchiera, due nella seconda, quattro nella terza. Al re parve cosa molto ragionevole, e per questo gli disse di sì. Quando poi qualcuno gli disse che sulla scacchiera avrebbero dovuto starci diciotto miliardi di miliardi di chicchi (l'equivalente di mille o duemila anni della produzione mondiale di grano), fece mozzare la testa all'inventore troppo geniale. Il virus che ha un numero di riproduzione di 2, non è difficile capirlo, può infettare un numero elevatissimo di persone.

Immaginiamo ora la stessa foresta di prima: le piante in fiamme sono già 100, però provvidenzialmente comincia a piovere. Il fuoco non si trasmette più con la stessa efficienza di prima. Possiamo immaginare che il «numero magico» diventi inferiore a 1. Cosa succede in questo caso? Semplice. Le 100 piante ne incendieranno 90, che ne incendieranno 80 e così via. Fino a quando il fuoco non si spegnerà. Insomma, di fronte a un'epidemia è importante causare la pioggia. Che nel caso del virus vuole dire isolare i malati, ridurre le occasioni di contagio, trovare dei farmaci che diminuiscano l'infettività dei malati, utilizzare guanti, mascherine o altri mezzi volti a ridurre la trasmissione dell'agente infettivo.

C'è un'ultima possibilità: che qualcuno sia passato nella foresta, tagliando la maggior parte delle piante. In quel caso anche se cade un fulmine e incendia un albero le fiamme non si diffondono, perché la pianta alla quale si dovrebbe propagare il fuoco è troppo lontana. Non c'è bisogno che piova, e possono cadere tutti i fulmini del mondo. In questa foresta molto rada potrà andare a fuoco qualche singolo albero, ma le fiamme non si diffonderanno. Come tagliamo le piante nella vita reale per rendere difficile la vita ai virus? Molto semplicemente: con i vaccini. Le persone vaccinate, per quanto riguarda il virus, in pratica non esistono più, come le piante che sono state tagliate e che non possono più prender fuoco. Gli individui vaccinati non sono più infettabili, e per il virus non contano. Questa è la condizione che viene chiamata «immunità di gregge»: anche se un virus arriva in una comunità vaccinata, le persone infettabili sono talmente poche che non riesce a diffondersi, alla faccia del suo numero di riproduzione di base.

Chiaramente questa è la situazione migliore, perché ci mette al sicuro. Ma per tanti anni i vaccini non ci sono stati e per molte malattie ancora non ci sono. Per questo è importante sapere che cos'è un'epidemia, come si sviluppa, come si studia e soprattutto come si può arrestare, anche quando non piove, non ci sono estintori e tanto meno vaccini.

Quella dell'epidemia come un incendio nella foresta è un'immagine efficace, ma nella realtà le cose non funzionano esattamente così. Capire la causa delle epidemie non di rado è molto complicato, e il lavoro degli epidemiologi spesso assomiglia terribilmente a quello degli investigatori che vediamo all'opera nei libri gialli e nelle serie tv.

Proprio gli scrittori di romanzi polizieschi ci insegnano che per l'identificazione e cattura del colpevole sono cruciali le primissime fasi delle indagini. La stessa regola vale per l'indagine di un'epidemia. Identificare e letteralmente arrestare il colpevole, in questo caso, è cruciale, in quanto ci troviamo senza dubbio davanti a un serial killer. Se non lo fermiamo, tornerà a colpire. E gli agenti infettivi, dopo milioni di anni di adattamento su questo pianeta, sono diventati estremamente scaltri ed efficienti nel loro propagarsi.

Così come un serial killer deve essere subito assicurato alla giustizia, nel caso delle epidemie è fondamentale interrompere il contagio il più presto possibile. Però non è facile: da una parte ci sono microbi e virus che hanno avuto a disposizione secoli per affinare le loro armi e le loro strategie, dall'altra ci siamo noi insieme agli epidemiologi, che esistono relativamente da poco. L'epidemiologia è infatti una scienza molto giovane. La prima vera e propria indagine su un'epidemia, infatti, viene attribuita a un medico inglese, John Snow.

Era l'agosto del 1854 e in dieci giorni erano già morte cinquecento persone di colera nel popoloso quartiere di Soho, a Londra. La Londra della seconda metà dell'Ottocento era la metropoli più popolosa del mondo: oltre tre milioni di abitanti, gran parte dei quali ammassati in quartieri sovraffollati e in condizioni igieniche precarie. A quei tempi molti pensavano che le malattie infettive non fossero causate da microbi, ma da «miasmi», ipotetiche esalazioni tossiche che appestavano i luoghi malsani. Però John Snow era stato sempre restio ad accettare queste vecchie teorie: era convinto che a provocare l'epidemia di colera fossero dei batteri, e che il contagio poteva essere fermato soltanto comprendendone la vera origine.

Rifiutando dunque una teoria che sapeva più di superstizione che di scienza, con un rigoroso lavoro di indagine segnò meticolosamente su una mappa di Londra le abitazioni dove si erano verificate le morti per colera. Capì presto che i decessi si concentravano intorno a una pompa pubblica di distribuzione dell'acqua che si trovava in Broad Street. Non solo, interrogando i familiari delle persone che erano morte altrove, aveva raccolto numerose testimonianze che confermavano la sua ipotesi: anche in quei casi, l'acqua utilizzata nelle case proveniva proprio dalla fonte d'acqua di Broad Street. John Snow riuscì a convincere le autorità locali a rimuovere la leva che azionava quella pompa. L'epidemia si fermò. Avete capito bene: bastò smontare un piccolo braccio meccanico per fermare un'epidemia di colera che aveva già fatto tanti morti.

La teoria di John Snow non fu accolta con molto calore negli ambienti scientifici dell'epoca. Non fu facile per lui provare che l'epidemia non si sarebbe fermata senza il suo intervento. Tanto che il braccio della pompa di Broad Street fu rimesso a posto appena il clamore si fu placato, e lo stesso John Snow morì a soli 45 anni, nel 1858, senza ricevere grandi onori.

Dovranno arrivare Robert Koch e Louis Pasteur a mettere, dopo circa vent'anni, una pietra tombale sulla teoria dei miasmi, fondando la microbiologia moderna.

Ma John Snow aveva insegnato al mondo che con un metodo scientifico e sistematico, mettendo insieme una attenta osservazione dell'ambiente urbano e un notevole rigore scientifico, si poteva risalire alle cause di un contagio e interrompere un'epidemia. Aveva di fatto inventato l'epidemiologia.

Da allora, gli epidemiologi hanno affinato le loro tecniche e oggi le enormi capacità di calcolo dei computer permettono loro di fare analisi strabilianti. Ma per indagare un'epidemia bisogna ancora partire da lì, da quello che fece John Snow centosettant'anni fa: bisogna contare i casi e descriverli il più accuratamente possibile.

I microbi, abbiamo detto, sono dei killer seriali. Come ogni serial killer che si rispetti, non scelgono a caso le loro vittime. Ecco perché l'epidemiologo deve immediatamente definire in dettaglio chi, dove e quando viene infettato.

L'indagine parte dunque da una descrizione accurata delle caratteristiche dei casi. I più colpiti sono i bambini o gli anziani, gli uomini o le donne? I casi appartengono a una determinata classe sociale o tali individui svolgono particolari lavori? Quanto sono gravi i casi? Quanti sono i morti? Per far questo esistono misure specifiche che fanno parte dell'armamentario dell'epidemiologo: prevalenza, incidenza, mortalità, letalità, termini spesso usati anche nel linguaggio comune. Per l'epidemiologo la lettura di questi parametri rappresenta un po' quello che è la fotografia delle vittime per un investigatore della polizia scientifica. Può dare i primi suggerimenti sulle caratteristiche del colpevole e, soprattutto, sul suo *modus operandi*. Dai tempi di John Snow è passato tanto tempo e i mezzi sono molto più potenti, ma alla fine è la capacità di osservazione e di analisi della realtà del singolo studioso a fare la differenza sul campo, e non i computer.

Per spiegarvelo, ecco un esempio. È il 1° maggio 2011. Un uomo di Aquisgrana, antica città tedesca a due passi dal confine con Belgio e Paesi Bassi, viene ricoverato per una brutta diarrea emorragica. Il germe viene presto identificato: è un *Escherichia coli*, comunissimo batterio che vive tranquillamente e beatamente nel nostro intestino (si chiama *coli* perché è nel colon) e alcuni di voi lo conoscono perché qualche volta può, trovandosi nel posto sbagliato, causare una fastidiosa cistite.

Ma il ceppo che ha colpito l'uomo di Aquisgrana non è come tutti gli altri *Escherichia coli*. Paragonarlo a quelli che abbiamo nell'intestino è come paragonare un terrorista con un mitragliatore e diverse bombe a mano a un pacifico cittadino. Le armi con le quali questo ceppo può farci così tanto male sono costituite da una pericolosissima tossina che, oltre a causare una diarrea emorragica, ha la capacità di danneggiare gravemente i reni. Il batterio si può diffondere, e altri casi, purtroppo, non tardano a comparire. Numerosissimi. Dal 1° al 16 maggio le notifiche di diarrea emorragica e danni ai reni arrivano al ritmo di cento al giorno da diverse città della Germania settentrionale.

Ciò che salta agli occhi degli epidemiologi sono le caratteristiche dei pazienti: per quasi il 90% sono adulti, con un'età media di 42 anni; l'età media di quelli che muoiono per il danno ai reni è di 74 anni. Strano, per un'infezione che tipicamente colpisce i bambini e tende a diminuire di frequenza con l'età. Ancor più strano: le donne rappresentano il 70% dei casi. Le infezioni causate da *Escherichia coli* possono essere veicolate in teoria da ogni alimento, ma l'esperienza ci insegna che in pratica sono per lo più coinvolti carni e latticini. Nel caso dell'epidemia del 2011, invece, sono proprio le caratteristiche dei casi, in maggioranza donne adulte, a indirizzare gli investigatori verso alimenti che solitamente non sono consumati dai bambini e che sono meno graditi ai maschi adulti.

Si pensa quindi a ortaggi e verdure. In effetti le prime analisi supportano questa ipotesi, indicando fra gli alimenti sospetti dei cetrioli importati dalla Spagna. La continuazione della storia dimostrerà che gli epidemiologi avevano ragione a puntare gli occhi su un vegetale, ma questo primo sospetto si sarebbe infine dimostrato un tragico «errore giudiziario», che identificando un falso colpevole ha portato a enormi perdite economiche nel settore agricolo spagnolo, incrinando i rapporti diplomatici fra Germania e Spagna.

L'epidemiologo deve rispondere dunque alle domande «chi?», «dove?» e «quando?». Conoscere le caratteristiche delle vittime e descrivere il luogo del delitto serve ad avanzare le prime ipotesi sulle preferenze del microbo e sulla localizzazione della possibile fonte, come appunto ci insegnano le storie dell'epidemia di *Escherichia coli* in Germania e quella di colera a Londra. Ma è dall'analisi del «quando» che l'epidemiologo può trarre indicazioni davvero preziose, come la velocità di propagazione, i tempi di incubazione della malattia o la presenza di focolai multipli. Descrivere l'andamento dei casi nel tempo è dunque fondamentale. Lo si fa con un semplice grafico che indica sull'asse orizzontale il periodo trascorso dall'identificazione del primo caso (il caso indice) e sull'asse verticale il numero di casi riportati giorno per giorno. Solitamente questo grafico assume l'aspetto di una curva, che viene appunto definita «curva epidemica». La propagazione di un'infezione, infatti, segue generalmente delle leggi matematiche abbastanza rigide e, nei casi più classici, la forma della curva epidemica assume quella di una campana. Man mano che l'epidemia procede, infatti, il numero di casi giornalieri tende a salire in maniera più o meno costante fino a raggiungere il suo picco, per poi progressivamente diminuire fino a esaurirsi.

Questo fenomeno è legato al fatto che mentre un'infezione si propaga in una comunità, aumenta il numero degli individui colpiti, ma cala il numero delle persone che possono ancora infettarsi. In altre parole, man mano che l'infezione si propaga, il serbatoio dei soggetti suscettibili tende a esaurirsi. Chi si infetta o si ammala, infatti, nel migliore dei casi acquisisce immunità nei confronti del microbo, e quindi non può reinfettarsi; nel peggiore muore e anche in questo caso non può reinfettarsi. Arrivato a un certo punto, il contagio si blocca perché il microrganismo, almeno in quell'area geografica, non trova più ospiti suscettibili.

Osservando la distanza fra il caso iniziale (che gli epidemiologi chiamano «caso indice») e la malattia che insorge nelle persone da esso contagiate, si può calcolare il tempo di incubazione dell'infezione, che è il tempo che passa tra il momento in cui un soggetto viene contagiato e il momento in cui sviluppa i sintomi. Abbiamo visto che è importantissimo, perché in questo periodo la persona è infettata, ma non lo sa e sta bene. Può spostarsi, viaggiare, prendere aerei, andare in vacanza e diffondere l'agente infettivo. Come per ogni fenomeno biologico, il tempo di incubazione per una certa infezione non è mai fisso, poiché dipende da vari fattori: le caratteristiche del paziente, la quantità di agenti patogeni che sono stati trasmessi, la via di penetrazione del microrganismo e molti altri ancora. Si può però calcolare un intervallo all'interno del quale cade la maggior parte dei periodi di incubazione osservati nei pazienti. Conoscere questo tempo è molto importante, perché ci dice per quanto dobbiamo tenere in isolamento un soggetto che sia stato a contatto con un malato per evitare che contagi altre persone. Superato il periodo massimo di incubazione il rischio di contagio si esclude. Per il morbillo, per esempio, sappiamo che il periodo di incubazione varia fra dieci e quattordici giorni; per cui chi può avere contratto questa malattia deve stare lontano dagli altri per due settimane dal possibile contagio.

Questo periodo di isolamento dal resto del mondo si definisce «quarantena». Agli anglosassoni, che hanno introdotto in inglese il calco *quarantine*, non sembrerà strano che un periodo di quarantena possa durare cinque, dieci o venti giorni. Un lettore italiano invece si sarà chiesto perché si faccia riferimento a questo ipotetico periodo di quaranta giorni. Il motivo è storico. «Quarantena» è la parola veneziana che sta per «quarantina», appunto quaranta giorni. Si è imposto il termine dialettale perché fu la Repubblica di Venezia la prima, nel 1347, a emanare un regolamento sanitario che imponeva alle navi in arrivo nel porto di trascorrere un periodo di quaranta giorni di osservazione prima di entrare nella laguna.

Era il periodo della peste nera, e come abbiamo visto all'epoca non se ne conoscevano le cause né le vie di trasmissione, né tanto meno esisteva il concetto di «periodo di incubazione». Ma quaranta giorni potevano sembrare un tempo ragionevole per esser certi che a bordo non ci fosse nessun malato. In realtà, il periodo di incubazione della peste è molto più breve, al massimo di una settimana. Ma il mese abbondante di sosta forzata di fatto avrebbe potuto portare alla luce un contagio provocato da ratti infetti a bordo e dalle loro pulci. Comunque in quegli stessi anni a Ragusa (l'odierna

Dubrovnik) era stato emanato un editto che imponeva un simile periodo di isolamento alle navi in arrivo, però della durata di trenta giorni. Se tale editto avesse avuto più successo di quello dei veneziani, oggi probabilmente parleremmo di «trentina» o «trentena» invece che di quarantena.

Torniamo al caso della gastroenterite in Germania. Conoscendo i tempi di incubazione possiamo anche escludere alcuni microrganismi e sospettarne altri, nel caso in cui il colpevole non sia stato ancora individuato. Ciò è particolarmente importante quando si indaga un'epidemia di malattie trasmesse dagli alimenti. Queste patologie, chiamate «tossinfezioni alimentari», quasi sempre si manifestano con brusche gastroenteriti e da un punto di vista clinico si assomigliano un po' tutte. Ma possono essere causate da moltissimi germi diversi con caratteristiche e pericolosità differenti tra loro. Le epidemie di tossinfezione alimentare originano quasi sempre da errori nella preparazione dei cibi nelle cucine di mense o ristoranti.

È molto importante individuare l'alimento responsabile, in modo da identificare l'errore commesso ed evitare che dalla stessa cucina possano partire successive epidemie. L'osservazione dei tempi di incubazione può indirizzare le indagini in una direzione precisa, proprio perché alcuni batteri causano sintomi violenti nel giro di poche ore; i batteri infatti producono una tossina nell'alimento, e quando questa arriva nell'intestino viene assorbita e causa velocemente la malattia. In altri casi, invece, i sintomi compaiono più tardi perché la malattia non è causata dalla tossina già prodotta, ma dal batterio che deve arrivare nell'intestino e avere il tempo di replicarsi. Questo è il caso delle salmonellosi.

È appena passato il 19 marzo, giornata di festeggiamenti per san Giuseppe. In una ridente cittadina pugliese tutti nelle scuole sono pronti per celebrare solennemente la Festa del Papà. In effetti la Festa del Papà trascorre tranquilla. Meno tranquilli sono invece i giorni seguenti. A partire dal 21 marzo, numerosi alunni in diverse classi di più scuole elementari mancano all'appello. Molti di loro sono finiti al pronto soccorso a causa di una violenta gastroenterite. E dai primi casi si isola uno stesso ceppo di salmonella. Il colpevole è individuato, ma quale alimento lo ha veicolato? Le salmonelle, si sa, si trasmettono principalmente attraverso carni poco cotte e uova consumate crude. La cottura, infatti, uccide il batterio. Le scuole in questione sono tutte fornite da una stessa mensa e i pasti sono preparati in una grande cucina professionale. Interrogando il cuoco, non sembra che abbia commesso errori particolari nella cottura degli alimenti serviti ai bambini. E le condizioni igieniche in cui opera la cucina sembrano molto buone.

Scorrendo il menu dei due-tre giorni precedenti i primi casi, si trovano dei piatti a base di carne di pollo (quella notoriamente più a rischio), ma le modalità di preparazione sono a prova di contaminazione e nulla sembra essere cambiato rispetto alle settimane precedenti. Lo stesso per primi e secondi a base di uova. L'occhio degli investigatori, a quel punto, cade su un particolare interessante: il giorno di san Giuseppe, in via del tutto eccezionale, per festeggiare il santo insieme ai beneamati papà, la direzione della mensa ha pensato bene di offrire delle ottime zeppole. Per chi fosse residente a nord di Roma, spieghiamo che le zeppole sono dei dolci deliziosi con una base di pasta di bignè, cotta al forno o fritta, ricoperta da un'abbondante dose di crema pasticcera bicolore: alla vaniglia e al cioccolato. Tradizionalmente le zeppole sono il dolce tipico per i festeggiamenti di san Giuseppe. La crema pasticcera, si sa, durante la cottura raggiunge temperature tali da inattivare eventuali batteri presenti nei suoi ingredienti, come latte o uova. Non dovrebbe, pertanto, essere a rischio di tossinfezione. Ma quel giorno il santo non vigilò bene sulle azioni del cuoco. Dopo un pressante interrogatorio, infatti, il cuoco ammette di aver usato, per amalgamare la miscela di ingredienti crudi, alcuni utensili che aveva poi riutilizzato per manipolare la crema una volta cotta e raffreddata. Questo era bastato per ricontaminarla dopo la cottura e causare l'intossicazione in qualche decina di scolari che al momento di gustare le ottime zeppole erano ignari del doloroso sviluppo che avrebbe avuto la vicenda. Una Festa del Papà da ricordare.

Nell'epidemia di San Giuseppe la curva epidemica

assunse la classica forma a campana. La fonte del contagio fu infatti unica, ma non tutti i bambini presentarono i sintomi nello stesso momento. Qualcuno, magari più goloso, avrà mangiato due zeppole. Qualche bambino, un po' schizzinoso, avrà dato solo una leccatina alla crema al cioccolato. La risposta immunitaria, poi, sarà stata variabile in ciascun bambino contagiato. Insomma, qualcuno avrà avuto i primi sintomi già dopo dodici ore, la maggior parte dopo i canonici due giorni e qualcun altro, che magari ha ingerito pochi batteri, al terzo o quarto giorno: ed ecco la forma a campana.

Sono molti i fenomeni naturali che si distribuiscono, come per magia, in questo modo regolare e simmetrico. La curva a forma di campana simmetrica descrive la distribuzione comunemente chiamata «gaussiana», dal nome del grande matematico tedesco Johann Carl Friedrich Gauss. Gauss nasce a Brunswick il 30 aprile 1777. È un prodigio in matematica. Ha 10 anni quando il suo maestro, per tenere occupata la classe senza avere troppi fastidi, assegna ai suoi scolari il compito di sommare tutti i numeri da 1 a 100. Mormorio fra gli alunni che già si preparavano a un'improba e noiosissima fatica. Tranne il piccolo Gauss, che in pochi minuti consegna il risultato all'insegnante: 5050. In quei pochi minuti, Gauss aveva trovato l'equazione che serve appunto per calcolare la somma di tutti gli elementi di una serie aritmetica. Niente male per un bambino di 10 anni.

Inutile dire che Gauss, nato da genitori poverissimi,

da quel momento in poi trovò tanti mecenati che si presero cura della sua istruzione, rendendolo uno dei più grandi, se non il più grande, tra i matematici della storia. La faccenda paradossale, però, è che la curva gaussiana non è stata né scoperta né battezzata da Gauss. Fu un altro geniaccio, Francis Galton, cugino di Charles Darwin e poliedrico scienziato che fra le tante cose trovò il tempo anche di inventare il periscopio, a nominare la famosa campana, appunto, «curva di Gauss». E tale è rimasta su tutti i libri di testo.

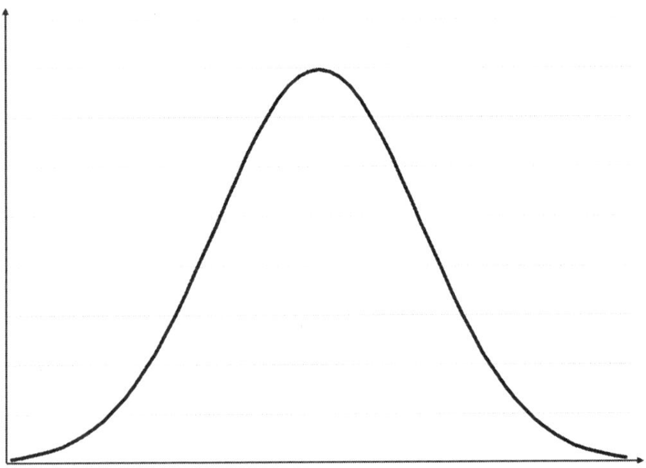

Ma perché parlare tanto di matematica e matematici in un libro sui virus? Sembrerà strano, ma per conoscere, capire e prevedere il comportamento di un microrganismo nella popolazione umana dobbiamo usare tanta matematica. Si è visto come il numero di casi in corso di epidemia spesso si distribuisce su una curva abbastanza simmetrica. Ebbene, quella non è l'unica circostanza in cui le leggi della probabilità e della statistica vengono in aiuto agli investigatori di epidemie. Per capire meglio quanto sia indispensabile il metodo statistico in epidemiologia, dobbiamo fare un passo indietro e tornare a parlare della crisi diplomatica fra Germania e Spagna a base di cetrioli.

La crisi diplomatica nasce quando il responsabile della sanità di Amburgo dichiara alla stampa che la causa della terribile epidemia di enterite emorragica accompagnata a insufficienza renale sono dei cetrioli importati dalla Spagna. La sua affermazione era suffragata dal fatto che in un campione di cetrioli distribuiti nella zona era stato appunto isolato un ceppo di *Escherichia coli*, che produceva una tossina in grado, secondo le analisi di laboratorio, di causare i sintomi registrati nei pazienti infettati. Il fatto che la maggior parte dei casi si fosse registrata in adulti, in prevalenza di sesso femminile, rendeva particolarmente verosimile questa ipotesi, essendo il cetriolo un ingrediente comunissimo di insalate e panini vegetariani, alimenti appunto prediletti da questo gruppo di popolazione.

Il crollo delle esportazioni di prodotti ortofrutticoli dalla Spagna in seguito a tale affermazione, subito ripresa dalle principali agenzie europee, è drammatico. Gli agricoltori spagnoli denunciano perdite dell'ordine di

200 milioni di euro a settimana. Il calo dell'importazione dei cetrioli spagnoli non coinvolge solo i Paesi del Nord Europa fino ad allora colpiti dall'epidemia, ma anche grandi importatori come la Russia. Insomma, un disastro economico.

Però non serve a nulla: l'epidemia continua a spandersi a macchia d'olio interessando principalmente Germania e Francia, ma coinvolgendo anche qualche cittadino canadese e americano contagiatosi in Europa. A quel punto entrano in gioco epidemiologi più esperti, ben consci del fatto che la descrizione dei casi e il ritrovamento di un ceppo di *Escherichia coli* su un campione di cetrioli possono essere sufficienti a formulare un'ipotesi, ma non rappresentano certo una prova definitiva e schiacciante, la cosiddetta pistola fumante. E si mettono al lavoro applicando appunto i metodi necessari per dimostrare con certezza il legame tra i pazienti ammalati e la fonte dell'infezione.

Prima di tutto mettono in atto uno studio detto «caso-controllo». Le indagini consistono – in questo specifico esempio – nel confrontare cosa hanno mangiato di diverso i soggetti colpiti dal contagio (casi) rispetto a un gruppo omogeneo di soggetti che non ha avuto alcun problema (controlli). Allo stesso tempo fanno partire uno studio «di coorte», uno studio cioè in cui si arruola un gruppo di persone che abbiano una o più caratteristiche in comune (appunto una coorte) e le si segue nel tempo per confrontare l'esposizione a un rischio (in questo caso un alimento a rischio) fra chi si ammala e chi è sano. Ci sono infatti 152 tedeschi che avevano tutti frequentato, in diversi momenti, uno stesso ristorante. trentuno di essi si sono ammalati, gli altri no. Gli investigatori si mettono a confrontare il menu di tutti e 152 i commensali per capire cosa hanno mangiato quelli che si sono ammalati, e cosa quelli che sono rimasti in perfetta salute.

Il primo studio, quello caso-controllo, effettivamente confermò che ben l'88% dei malati aveva mangiato dei cetrioli, ma la stessa percentuale di amanti dei cetrioli c'era tra i soggetti che non si erano ammalati. Il cetriolo sembrava dunque innocente. Emergeva invece un'associazione significativa con un altro alimento. Si trattava sempre di vegetali: germogli di legumi! I più famosi dalle nostre parti sono i germogli di soia, ma sono in commercio mix di germogli di diversi legumi, dai fagioli alle lenticchie. A questo punto il colpevole è alle corde: sapendo cosa si deve cercare, lo studio di coorte sui clienti del ristorante diventa facile da interpretare, gli epidemiologi sanno cosa devono trovare nel menu, e capiscono di averci preso in pieno. Aver mangiato germogli nei giorni precedenti la malattia spiegava da solo il 100% dei casi.

Il colpevole viene infine catturato in un albergo della Bassa Sassonia dove era stato ospite un gruppo di turisti svedesi che lo stesso giorno avevano mangiato un'insalata pronta a base di germogli e si erano ammalati. L'albergo si forniva da un distributore per questi prodotti. Il quale distributore, a sua volta, comprava i germogli da un produttore locale che riforniva altri distributori che vendevano il prodotto ad altri ristoranti tedeschi. E nella fabbrica di quel produttore locale l'*Escherichia coli* che produceva la pericolosa tossina viene infine isolato. La prova schiacciante è stata trovata; i cetrioli, vittime di questo errore giudiziario, scagionati. Responsabili dell'enorme epidemia che avrebbe causato quasi 3000 casi di gastrite emorragica, più di 800 casi di sindrome renale e ben 53 morti, coinvolgendo cittadini di 16 Paesi fra Europa e Nord America, erano stati panini e insalate arricchite da germogli di fieno greco (un legume, appunto) provenienti da un impianto di agricoltura biologica tedesco. Quando si dice che naturale fa rima con salutare...

Descrivere l'epidemia e avviare gli studi necessari per riconoscere la fonte del contagio nel più breve tempo possibile. Questo sostanzialmente è il lavoro degli investigatori di virus, che usano tutti gli strumenti che la scienza mette loro a disposizione: conoscenze di microbiologia, infettivologia, ma anche matematica e statistica. Il tempo è denaro, e nelle indagini di un'epidemia può fare la differenza fra la vita e la morte per tante persone.

Per capirlo, basta raccontare la storia tragica di cui è protagonista un commesso del Tagikistan a Mosca. È il 15 marzo 2010, il viaggio verso Mosca non era mai stato una passeggiata, ma in tanti anni di esperienza il commesso inviato per consegnare campioni biologici al laboratorio centrale aveva affinato ogni tecnica per limitare al minimo il numero di controlli ed entrare in territorio russo il più possibile inosservato. Attraversare la dogana di Mosca dopo la caduta del muro era ormai davvero uno scherzo. Ma quel giorno tirava un'altra aria. I controlli alla dogana erano lunghi e serrati e a nulla sarebbe servita la tessera di funzionario. La sera prima un gruppo ceceno aveva fatto saltare in aria un cinema e l'allerta antiterrorismo era al massimo livello.

La valigetta con sopra il simbolo di materiale biologico potenzialmente contagioso avrebbe certamente rallentato all'inverosimile la procedura. Pernottare a Mosca non era nei suoi piani, aveva fretta di sbrigare i suoi affari, incontrare un paio di cugini e tornare di corsa in Tagikistan. Dato uno sguardo al simbolo del rischio biologico, il doganiere prese in consegna il pacco senza dare tante spiegazioni. Il pacco sarebbe dovuto restare lì in dogana fino a nuovi ordini. Non un grosso problema, pensò il commesso. Anzi, lasciare il pacco in consegna alla dogana gli avrebbe evitato la seccatura di dover andare il giorno dopo al laboratorio centrale di Mosca, il prestigioso Istituto Čumakov dell'Accademia Russa di Scienze Mediche. Avrebbe avuto più tempo per le sue cose.

Del resto, quei campioni avevano già aspettato per giorni nel suo ufficio, finché non era arrivato il momento di andare a Mosca per sistemare alcuni affari personali. La routine era quella da anni. Lui la considerava «ottimizzazione». E poi davvero gli sfuggiva il senso di urgenza nel dover portare fino a Mosca campioni di sangue e di feci tagiki. I suoi superiori dicevano che quell'attività era importante, richiesta dall'Organizzazione Mondiale della Sanità, ma lui ci credeva poco, mai che avesse visto un risultato. Quelli si fermavano negli archivi dei suoi superiori. Al diavolo i campioni, gli avevano già fatto perdere abbastanza tempo. Il doganiere prese il pacco e lo posò su uno scaffale accanto a tanti altri che, a giudicare dalla polvere, dovevano essere lì in consegna da un bel po'.

Un gesto come tanti, in una giornata come tante alla dogana di Mosca. Nessuno avrebbe mai potuto immaginare che quel gesto – lasciare un pacco contenente trentadue campioni di feci e una quindicina di campioni di sangue fermi per un mese alla dogana di Mosca, a temperatura ambiente – avrebbe sconvolto l'esistenza di centinaia di famiglie. La direttrice del laboratorio di Mosca, Olga Ivanova, sarebbe miracolosamente riuscita a isolare il virus della poliomielite da alcuni di quei campioni che erano rimasti a cuocere, per settimane, prima nell'ufficio del ministero tagiko e poi sullo scaffale della dogana di Mosca. Ma nel frattempo il virus si era già diffuso in tutto il Tagikistan, lasciando il suo consueto strascico di sofferenza e morte. Nel giro di appena tre mesi un virus poliomielitico arrivato dall'India avrebbe causato più di 700 casi di paralisi e 29 morti. Quella fu l'ultima epidemia di poliomielite nel continente europeo. Grazie all'intervento vaccinale, imponente anche se tardivo, l'epidemia fu bloccata e il virus eliminato definitivamente dal territorio tagiko.

Questo evidenzia il fatto che l'indagine riguardo a un'epidemia non è un puro esercizio scientifico, ma è lo strumento con cui la sanità pubblica può impostare una risposta efficace di contenimento e controllo, in grado di arrivare fino all'eliminazione totale del virus da un certo territorio. Ciò è possibile per i virus che circolano esclusivamente nell'uomo e per i quali esiste un vaccino efficace, come è appunto il caso della poliomielite.

Abbiamo infatti detto che un contagio, così come un incendio, si propaga fino a quando riesce a trovare materiale infiammabile. Se le piante finiscono, l'incendio si spegne. A volte però i virus giocano brutti scherzi facendo cantare vittoria prima del tempo. Se l'intervento preventivo non è definitivo, infatti, il virus riesce a continuare a diffondersi in silenzio, rimanendo in un certo senso sottotraccia. Si trasmette da un individuo a un altro in maniera silenziosa ma costante, aspettando il momento opportuno per far riprendere vigore all'incendio.

Questo fenomeno è noto agli epidemiologi, che lo hanno definito romanticamente, ma anche un po' ironicamente, «periodo luna di miele». Se in seguito a un evento epidemico, infatti, si lancia una campagna vaccinale tale da bloccare l'epidemia, ma non sufficiente a eliminare il virus dal territorio, quello che si osserva è, appunto, un periodo luna di miele. Come in ogni matrimonio che si rispetti, il primo periodo è sempre rose e fiori. Ma se i problemi non si risolvono alla radice, prima o poi la luna di miele finisce e le crisi vengono a galla. Tecnicamente, durante il periodo di luna di miele, il virus che non è stato completamente eliminato a causa della copertura vaccinale insufficiente, continua a diffondersi nella popolazione in una maniera che gli epidemiologi chiamano «endemica»: pochi casi, in numero costante, saltuariamente individuati dai sistemi di sorveglianza epidemiologica.

Il risultato, dal punto di vista della salute pubblica, sembra essere una vittoria. Ma la luna di miele finisce appena la quota di individui infettabili ritorna a un livello tale da offrire al virus carburante sufficiente per scatenare una nuova epidemia. Il carburante, classicamente, arriva dalle nuove nascite. Se, facciamo il caso, si riesce a vaccinare l'80% dei bambini che nascono ogni anno, si lasciano scoperti, e quindi suscettibili all'infezione, il 20% dei nuovi nati. Un 20% che si accumula, di anno in anno, fino a costituire, dopo una luna di miele che può durare diversi lustri, un serbatoio di materiale infiammabile tale da far scoppiare un nuovo incendio.

Le epidemie post-luna di miele sono particolarmente insidiose sia perché inaspettate, sia perché coinvolgono classi di età più avanzate. I bambini non vaccinati, in assenza di una circolazione epidemica del virus, infatti, raggiungono nel frattempo l'età adolescenziale e adulta prima di essere colpiti inesorabilmente dal virus. Le epidemie di morbillo a cui abbiamo assistito in Italia negli ultimi anni avevano appunto queste caratteristiche e sono state il risultato di coperture vaccinali insufficienti.

Indagare un'epidemia, dunque, è fondamentale per aumentare le conoscenze scientifiche sulla propagazione del virus, capirne l'origine e le modalità di diffusione e mettere in atto misure di controllo adeguate. Per fermare il corso di un'epidemia bisogna agire presto, soprattutto oggi, in un mondo che corre veloce ed è iperconnesso.

6

Spillover

Abbiamo parlato di virus, abbiamo parlato di epidemie. Ma da dove vengono i virus che ci affliggono e che causano queste epidemie?

La risposta è molto semplice: i virus umani vengono dagli animali. Questo accade attraverso un fenomeno che è chiamato con un termine inglese, «spillover». Cosa significa? Quando mettete a bollire una pentola piena di pasta e ve la dimenticate, l'acqua si riversa sui fornelli e quello è uno spillover; quando il livello di un lago artificiale supera il bordo della diga, quello è di nuovo uno spillover. In italiano potremmo tradurlo correttamente con «tracimazione», ma perderemmo un poco dell'immediatezza della parola inglese: qualcosa che trabocca e traboccando va a finire da un'altra parte. È esattamente quello che succede con i virus: traboccano dagli animali e finiscono nell'uomo.

Prima di tutto, perché un virus passi da un animale a un uomo la condizione indispensabile è che ci sia vicinanza tra i due. Tanto più la nostra specie sta a contatto con un animale, tanto più è probabile che un virus possa «traboccare». Ovviamente il virus che colpisce il pinguino imperatore ha poche possibilità di passare all'uomo, semplicemente perché è altamente improbabile che un nostro simile possa avere a che fare con questa specie in maniera prolungata e ravvicinata. Gli animali dai quali più spesso riceviamo questo sgraditissimo dono sono quelli con i quali abbiamo a che vedere più spesso, sia da vivi sia da morti, visto che anche la loro carne macellata, il loro sangue o le loro deiezioni possono essere un veicolo di contagio.

Tuttavia il fatto che un virus animale entri in contatto con un uomo è una condizione necessaria, ma assolutamente non sufficiente, perché si verifichi lo spillover. Come abbiamo detto prima, per entrare nelle cellule i virus si servono di una «chiave falsa», ma quella che hanno a disposizione solitamente apre un numero molto limitato di porte. In parole più semplici, i virus animali aprono le porte delle cellule animali, che sono quasi sempre molto diverse da quelle umane. Per questo, solitamente, un virus che infetta un animale non è in grado di infettare l'uomo.

«Solitamente», però, non vuole dire «sempre». Alcuni virus animali hanno chiavi che non sono molto differenti da quelle che servono per aprire le porte delle cellule umane. In fondo, siamo animali anche noi! Le chiavi magari non sono perfette per le nostre cellule, ma con un po' di sforzo possono riuscire a sbloccare la serratura.

Quindi, in certi casi sfortunati, un virus può riuscire a infettare una cellula umana, e dunque un individuo. In questo caso gli scienziati parlano di «zoonosi»: con questo termine si definisce un'infezione che passa dagli animali all'uomo. Per diffondersi tra le persone e causare un'epidemia non è però sufficiente il passaggio da animale a uomo e la capacità di replicarsi all'interno del corpo umano, evento già di per sé molto raro.

Dopo questo primo raro passaggio, deve avvenirne un secondo: il virus deve acquistare la capacità di trasmettersi da un uomo a un altro essere umano. Questo è un avvenimento ancora più raro: in genere quando un virus riesce a «forzare» la porta delle cellule umane lo fa in maniera piuttosto maldestra, magari è in grado di replicarsi e può addirittura uccidere il paziente, ma ben di rado arriva a raggiungere una efficienza replicativa tale da consentirgli di uscire dal primo individuo infettato e passare a un altro. Il problema è che alcuni virus sono molto bravi nell'adattare geneticamente la propria chiave, nel «limarla», rendendo sempre più fluida, sempre più efficace, l'apertura della porta delle cellule umane. Tra questi virus provetti scassinatori non vi sorprenderà sapere che ci sono i coronavirus, responsabili di tre gravi spillover negli ultimi vent'anni.

Bisogna anche ribadire un elemento: quello che consente al virus di limare la chiave sono gli errori che il virus stesso fa mentre si replica. Dunque quanto più un virus si replica, tanto più riesce a mutare e quanto più muta, tante più possibilità ha a disposizione per modificare la sua chiave al fine di renderla perfetta per entrare nelle cellule umane. Per questo gli spillover avvengono quasi sempre dove queste occasioni di sconfinamento animale-uomo sono frequenti. A ogni passaggio da animale a uomo il virus ha la possibilità di fare un lancio di dadi e di sperare in un risultato favorevole. Più lanci farà, più probabilità avrà di vincere. Dei perdenti non resterà traccia, chi ce la fa diventa un virus umano.

Però la cosa non finisce qui: come abbiamo detto prima, un virus tende a stabilire un rapporto reciprocamente accettabile con il suo ospite. Per questo, dopo essere diventato umano, il virus continuerà a evolvere nell'uomo. Si adatterà sempre meglio al suo nuovo ospite e diventerà sempre più «compatibile» con la specie che ne garantisce la sopravvivenza, perché, come abbiamo detto, un virus senza ospite è un virus che non esiste più. In generale, con il tempo, il virus diventerà «più buono»; contemporaneamente, generazione dopo generazione, l'ospite diventerà più resistente all'infezione. Alla fine, riusciranno a trovare un equilibrio accettabile per entrambi, o entrambi scompariranno.

Il virus del morbillo, per esempio, è derivato dal virus della peste bovina a causa di uno spillover che si è verificato intorno al XII secolo nelle comunità che vivevano gomito a gomito con i bovini. Il virus a un certo punto ha fatto il salto, è diventato umano, si è adattato alla nostra specie (e la nostra specie a lui), fino ad arrivare a causare la letalità odierna dell'infezione, che si aggira intorno allo 0,1%.

Ma quando il morbillo è entrato in contatto con delle comunità che – a causa della loro posizione relativamente isolata – non lo avevano mai visto, le cose sono andate molto diversamente: nella prima metà del XIX secolo ha ucciso il 20% degli abitanti delle Hawaii e nel 1875 ha sterminato il 30% degli abitanti delle isole Fiji.

Insomma, l'apparire improvviso di un nuovo virus sulla scena è un evento raro, ma già accaduto. Dai bovini il morbillo, dagli scimpanzé l'HIV, dai cammelli e dai dromedari la MERS, dai piccoli mammiferi la SARS. Ancora non sappiamo l'esatto percorso, ma nello stesso modo è arrivato all'uomo anche il nuovo coronavirus cinese, partendo quasi certamente dai pipistrelli. Tutti questi virus che sono riusciti a adattarsi adesso sono dei nuovi virus umani con i quali il nostro sistema immunitario, e più in generale la specie umana, si deve confrontare.

7

L'esplosione dell'influenza spagnola

Autunno 1918: se una macchina del tempo li avesse riportati in vita, ecco come Tucidide, Procopio di Cesarea o Giovanni di Efeso avrebbero descritto il morbo che stava devastando un pianeta appena uscito dalla Prima guerra mondiale:

> In ogni angolo della terra, uomini, donne, bambini erano presi improvvisamente, senza nessuna ragione, innanzitutto da febbre e dolori alla gola e alla testa; poi sorgevano starnuti e raucedine, e dopo non molto tempo il male scendeva nel petto assieme a una forte tosse e a un respiro affannoso. I malati emettevano un fiato strano e fetido, che sapeva di paglia ammuffita, e sanguinavano dal naso e dalla bocca. Sulle guance sorgevano macchie violacee, che si estendevano da un orecchio all'altro. Finché la sfumatura era sul rosso si poteva nutrire una qualche speranza di guarigione; ma se passava al blu e al nero, e nere diventavano le punte delle dita delle mani e dei piedi, e poi gli arti, l'addo-

me, il busto, la morte giungeva nel giro di poche ore o pochi giorni.
Poteva capitare che una persona fosse seduta al tavolo di lavoro della sua bottega, maneggiando i suoi strumenti o lavorando, o stesse cavalcando o camminando per strada, ed ecco che si sentiva aggredire dal male e crollava a terra, talvolta rendendo l'anima. [...] Alcuni cadevano in un profondo coma, altri erano presi da un violento delirio o soffrivano di insonnia e di frequenti allucinazioni, e immaginando che qualcuno venisse ad ucciderli o che l'intero mondo stesse per finire erano scossi da una terribile agitazione, per cui si precipitavano in fuga, gridando disperatamente. Coloro che li assistevano stavano in continua apprensione, affranti dalla pietà e dal dolore, tanto che tutti avevano compassione di loro, perché dovevano sopportare durissime pene. Per esempio, quando i malati cadevano dal letto e si rotolavano a terra, essi li rimettevano a posto, e quando tentavano di gettarsi giù da una finestra, dovevano afferrarli e strapparli via a viva forza.
Su una nave carica di soldati, il morbo scoppiò in mezzo all'oceano: su novemila si ammalarono in duemila. I ponti erano scivolosi per il sangue dei malati, che gemevano e gridavano invocando una cura. Prima dell'arrivo in Bretagna i morti erano novanta.

Non è un déjà-vu, o magari un errore del tipografo che ha riprodotto in questo capitolo le citazioni di quello sulla peste. Le parole scritte quattordici o ventitré secoli prima si adattano spesso perfettamente alla descrizione di un'epidemia che solo cent'anni fa ha infuriato per tutta la terra: molti sintomi sono identici (per esempio i disturbi respiratori e il delirio), come identici sono lo sgomento e l'orrore di malati e superstiti che potrebbero venire da una cronaca della peste nera del Trecento. Insomma, tra la Costantinopoli della primavera 542 e la Rio de Janeiro dell'ottobre 1918, entrambe alle prese con l'enorme problema della sepoltura dei cadaveri, l'unica differenza riguarda la tecnologia dei trasporti.

> Le strade traboccavano di cadaveri, e nelle case la gente appoggiava i morti sul davanzale con i piedi rivolti verso l'esterno, affinché la pubblica assistenza li caricasse con facilità. Ma il servizio era lento, così cominciò a diffondersi nella città un puzzo nauseabondo, che diveniva sempre più insopportabile per gli abitanti. L'organizzatore del Carnevale, che di notte amava scorrazzare per le vie guidando un tram, si offrì di caricare lui sulle vetture i cadaveri, e trasportarli al cimitero. Lì i becchini, non riuscendo a star dietro all'afflusso di morti, presero a scavare fosse sempre meno profonde, tanto che talvolta dalle buche spuntavano piedi.

Ho voluto mescolare cronache antiche e notizie moderne proprio per mostrare che l'epidemia del 1918-1919 non ha assolutamente nulla da invidiare al morbo che, come abbiamo visto, ha cambiato più volte il corso della storia. Davvero in quegli anni un Tucidide redivivo non avrebbe potuto che ripetere: «Un tale contagio e una tale strage non erano avvenuti in nessun luogo a memoria d'uomo».

Eppure, quando pensiamo alle tragedie del Novecento, di solito trascuriamo la pandemia di influenza detta, per una serie di circostanze casuali, «spagnola». Pensiamo al tributo di sangue imposto dalle guerre mondiali, dalle rivoluzioni, dagli stermini, dimenticando che l'influenza ha ucciso in pochi mesi tra i 50 e i 100 milioni di persone, cioè più delle vittime di dieci anni di guerre mondiali.

L'influenza spagnola si chiama così per una sorta di doppio errore: «influenza» rimanda agli influssi astrali ai quali la medicina tradizionale attribuiva la causa delle malattie (ricordate il don Ferrante dei *Promessi sposi*, per il quale la responsabile dell'epidemia era «quella fatale congiunzione di Saturno con Giove»); e «spagnola» perché al momento della sua prima apparizione, nella primavera del 1918, era ancora in corso la Prima guerra mondiale, e nelle nazioni in guerra la stampa era sottoposta alla censura governativa, impegnata a impedire la pubblicazione di notizie (per esempio il dilagare di un'epidemia) che potessero demoralizzare i soldati e la popolazione. La Spagna, però, era uno Stato neutrale, e quindi i giornali non avevano nascosto la presenza di una strana influenza, tanto meno quando ad ammalarsi era stato lo stesso re Alfonso XIII (che poi guarì); così il resto del mondo finì per associare la malattia all'unica nazione che ne parlava.

Nel 1918 si credeva che la causa dell'influenza fosse il «bacillo di Pfeiffer», cioè il batterio che il biologo tedesco Richard Pfeiffer aveva chiamato, appunto, *Haemophilus influenzae*. Ma anche in questo nome c'è un errore, visto che questo batterio provoca infezioni come meningiti, otiti e polmoniti ma non c'entra niente con l'influenza. Al di là delle conoscenze scientifiche, fino al 1918 la visione dell'influenza non era molto diversa dalla nostra: una seccatura stagionale che ogni tanto si presentava in forme più violente e che provocava un aumento della mortalità tra i bambini piccoli e gli anziani già malati.

L'influenza che arriva nella primavera del 1918, però, è qualcosa di diverso. Sia dal punto di vista epidemiologico, sia dal punto di vista molecolare. Prima di tutto compare in primavera, quando di solito l'influenza stagionale comincia a mollare la presa: abbiamo poi scoperto che si tratta della *herald wave*, l'«onda premonitrice» che annuncia la pandemia. In ogni caso l'epidemia dimostra subito una natura particolare. Proviamo a seguirla lungo il tragitto dagli Stati Uniti all'Europa al resto del mondo.

Ai primi di marzo, in un campo di addestramento dell'esercito americano in Kansas, Camp Funston, un cuoco si presenta in infermeria con i classici sintomi influenzali (mal di testa, mal di gola, febbre). In poche ore lo raggiungono altri cento soldati. Nelle settimane che seguono, nei vari campi militari sparsi nel Midwest, nei centri abitati e nei villaggi, nei punti di raccolta e nelle città della costa orientale, nelle trincee francesi raggiunte dal corpo di spedizione americano l'influenza dilaga come un fuoco tra la sterpaglia secca. Sono gli ultimi mesi della Prima guerra mondiale, e questo particolare ha un ruolo decisivo nel determinare il carattere della pandemia.

Dai soldati americani (in tutto ne arriveranno due milioni in Francia) il morbo si diffonde a tutti gli eserciti schierati non solo sul fronte occidentale ma anche sul Piave, dove si fronteggiano italiani e austroungarici. Dalle trincee dove i soldati di tutti gli eserciti giacciono febbricitanti l'influenza si diffonde nelle nazioni in guerra e in quelle neutrali come la Spagna (dove in maggio, come detto, si ammala anche il re), risale verso nord-est, raggiunge la Russia nel pieno della rivoluzione bolscevica – anche grazie ai prigionieri russi liberati dai tedeschi dopo l'armistizio di Brest-Litovsk –, a maggio sbarca in Nord Africa e in un mese percorre il continente e punta a est verso l'India, passa nel Sudest asiatico e infetta la Cina (dove forse, però, era già arrivata da un'altra strada), quindi assalta il Giappone e a luglio è in Australia. E pare scomparire.

È uno dei tanti misteri della spagnola. Questa prima

ondata è violenta, aggressiva, fuori stagione, ma la sua mortalità è nella norma. Alcuni medici militari dubitano perfino del fatto che sia influenza: le sue complicazioni sono troppo leggere! Ma all'improvviso, in agosto, riesplode in tre diversi focolai sulle coste dell'Atlantico, ed è l'apocalisse.

Brest, in Bretagna, è uno dei principali approdi delle navi che scaricano i soldati americani in Francia. Il 10 agosto, lo stesso giorno in cui l'esercito britannico dichiara conclusa l'epidemia di influenza, si ammalano più marinai francesi di quanti ne possa ricoverare l'ospedale della Marina. Nel giro di qualche settimana, tutta la zona intorno a Brest è devastata dall'influenza, che colpisce americani e francesi, militari e civili. E quando i militari vengono inviati altrove, portano con sé la malattia.

Il 15 agosto a Freetown, capitale della Sierra Leone, una nave inglese entra in porto per rifornirsi di carbone, ma duecento membri dell'equipaggio sono malati, e contagiano i lavoranti che hanno provveduto al rifornimento, e che a loro volta contageranno non solo gli equipaggi delle navi in arrivo, ma i loro concittadini e, di fatto, l'intera Africa occidentale. Sulle navi che hanno fatto rifornimento a Freetown, la gente si ammala e comincia a morire.

Sulla sponda opposta dell'oceano, a Boston, un molo del porto era adibito a enorme centro di smistamento della Marina militare. Il 27 agosto due marinai vengono ricoverati per l'influenza, il 28 otto, il 29 cinquantotto:

gli ottimi medici del Chelsea Naval Hospital tentano di isolare l'epidemia rintracciando tutti quelli che hanno avuto di recente contatti con i malati, ma ormai è troppo tardi: ai primi di settembre all'ospedale arrivano anche i civili.

L'infezione ha ripreso le sue scorrerie. Il 16 settembre, un postale inglese, il *Demerara*, attracca a Recife, nel nord del Brasile, e poi prosegue fino a Rio de Janeiro. Fino a quel momento il Sudamerica non aveva conosciuto la spagnola: ci penseranno i contagiati a bordo del *Demerara* a colmare la lacuna. Sempre a settembre, due navi inglesi che hanno fatto sosta a Freetown arrivano in Sudafrica, a Città del Capo, per riportare a casa dal fronte occidentale 1300 soldati: ci sono buchi nella quarantena, alcuni che non sanno di essere malati possono raggiungere i loro villaggi, e così, grazie a una buona rete stradale e all'efficienza delle ferrovie sudafricane, l'influenza invade l'Africa meridionale, raggiunge il Corno d'Africa, ripassa in India...

Nell'autunno del 1918, la spagnola infuria ovunque, con un tasso di mortalità che cresce a dismisura: mai, nell'intero corso della sua storia, l'umanità ha visto morire tante persone in soli tre mesi. Come ai tempi della peste, i porti sono gli snodi da cui la pandemia si diffonde nell'entroterra. Ben più delle epidemie precedenti, la spagnola può contare su un ambiente ideale per la diffusione del contagio. La guerra ha radunato gigantesche masse di persone (in Europa hanno combattuto neozelandesi, vietnamiti, africani di tutto il continente...) e le ha concentrate in spazi angusti (le caserme, i campi di addestramento, le trincee, le navi per il trasporto delle truppe); poi, dopo il novembre 1918, l'armistizio ha rispedito a casa, ai quattro angoli della terra, prigionieri e soldati, e la fine dei combattimenti è stata accolta da adunate di folle festanti non solo in Europa, ma nelle piazze di ogni continente, a Lima, capitale del Perù, come a Nairobi in Kenya, dove il contagio si diffonde beffardo dopo un ballo organizzato dalla Croce Rossa. Non c'è da meravigliarsi che l'epidemia abbia fatto due giri del mondo in meno di un anno. A salvarsi, per il momento, è solo l'Australia, ma unicamente perché – anche grazie alla sua posizione geografica isolata – è riuscita a imporre una quarantena efficace; però la allenterà troppo presto, nel gennaio 1919, e sarà dunque investita dalla terza ondata della pandemia, che torna a infuriare ovunque, meno letale della seconda ma più della prima.

Anche quando si trovano di fronte all'esplosione della seconda ondata, alcuni medici dubitano che sia influenza, ma per le ragioni opposte rispetto a qualche mese prima: visti i sintomi, la velocità del contagio e la letalità, hanno addirittura il dubbio che si tratti di peste polmonare. La frase che meglio coglie la realtà di questa nuova malattia è quella pronunciata da un medico dell'ospedale pediatrico di Istanbul: «È un flagello che non possiamo chiamare peste, ma che è molto più pericoloso e mortale».

Negli anni Venti del Novecento, un batteriologo americano aveva calcolato che l'influenza spagnola avesse provocato 21.600.000 morti. Era un numero immenso (superiore a quello dei morti militari e civili della Prima guerra mondiale, circa 16 milioni), ma verso la fine del Novecento si è cominciato a capire che era del tutto irrealistico, perché implicava che in nazioni molto popolose e con infrastrutture sanitarie carenti come la Russia, la Cina e l'India il tasso di mortalità fosse dello 0,2%, molto inferiore a quello degli Stati Uniti (0,5%, il più basso tra i Paesi avanzati). In realtà, nella sola India, che allora comprendeva anche il Pakistan e il Bangladesh, i morti stimati oscillano tra i 13 e i 18 milioni. In un mondo che allora contava un miliardo e 800 milioni di persone, il contagio ha colpito il 30% circa della popolazione (500 milioni) e il tasso di mortalità (il rapporto tra i morti a causa della malattia e la popolazione totale) oscilla tra il 2,5 e il 5%: dunque la spagnola ha ucciso tra i 50 e i 100 milioni di persone.

Se, in un grafico, indichiamo sull'asse orizzontale l'età dei pazienti e su quello verticale il tasso di mortalità, nel caso della normale influenza di quegli anni otterremo una curva a U (il picco di mortalità riguarda i bambini piccoli e gli anziani), mentre quella della spagnola ricorderà una W, perché a morire di più, insieme a neonati e vecchi, sono le persone tra i 20 e i 30 anni: giovani uomini e donne incinte. A Chicago, i morti nella fascia di età tra i 21 e i 40 anni sono il quintuplo di

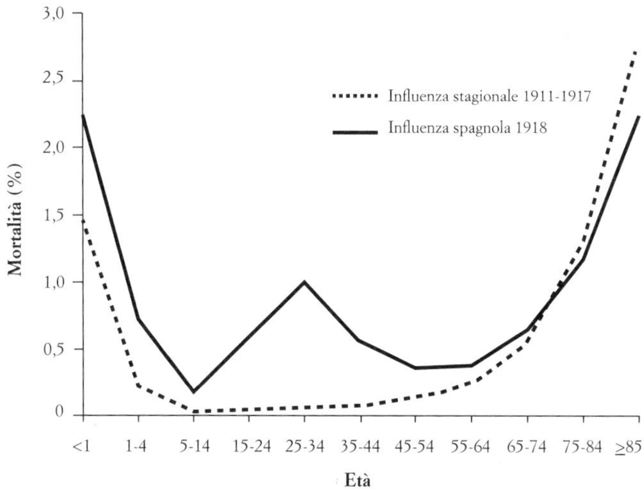

quelli tra i 41 e i 60. Negli Stati Uniti, i dati forniti dagli Stati e dalle città che disponevano di informazioni demografiche affidabili dicono che, dividendo la popolazione in scaglioni di cinque anni, l'età con il maggior numero di morti per la spagnola è quella tra i 25 e i 29 anni, seguita dal quinquennio tra i 30 e i 34; al terzo posto lo scaglione tra i 20 e i 24 anni. In ciascuna di queste fasce c'erano stati più morti che tra tutti gli ultrasessantenni: di fatto, per gli anziani la spagnola era meno pericolosa della normale influenza stagionale. E l'altro fatto singolare era che i bambini tra i 5 e i 15 anni si ammalavano moltissimo, ma tra loro le morti erano rarissime (anche per questo negli anni successivi alla spagnola – e, naturalmente, alla guerra mondiale – era aumentato il numero degli orfani).

Come uccideva la spagnola? In alcuni casi nel modo «usuale» dell'influenza: l'attacco del virus indebolisce le difese del nostro apparato respiratorio e apre la strada a infezioni causate dai batteri, che provocano soprattutto nei pazienti più vulnerabili malattie come polmoniti e broncopolmoniti batteriche, difficili da curare in un mondo in cui gli antibiotici non erano stati ancora inventati. Contro queste, oggi, siamo ben attrezzati con farmaci molto efficaci, tanto che solo i più deboli soccombono.

Ma le morti repentine di individui giovani e sani e i sintomi più impressionanti, descritti alla maniera degli storici antichi nel brano che ha aperto il capitolo, sono il segno che questo nuovo killer ha un modo tutto suo di uccidere. Quando, sconcertati dalla violenza della malattia, i medici procedono alle prime autopsie, scoprono che tutti gli organi principali presentano alterazioni singolari, ma la cosa più sconvolgente è l'aspetto dei polmoni. Se la malattia è stata lunga, i polmoni mostrano semplicemente i segni dell'infezione batterica. Ma se la morte è sopravvenuta nel giro di due, tre, quattro giorni, si fa fatica a riconoscerli. Come aveva detto un patologo: «Polmoni in queste condizioni si vedono solo nelle autopsie di chi è morto di peste polmonare o a causa di un attacco con i gas tossici».

In condizioni normali, i polmoni estratti dalla gabbia toracica durante l'autopsia sembrano dei palloni sgonfi, e il loro tessuto spugnoso galleggia nell'acqua. I polmoni dei morti di spagnola invece sono gonfi, pesanti, e tutto lo spazio tra gli alveoli (i «terminali» dei bronchi, attraverso i quali l'ossigeno viene ceduto al sangue) è riempito da residui di cellule distrutte, enzimi, globuli bianchi e sangue. Hanno la consistenza del fegato, ma le lesioni non sono riconducibili a nessuna forma di polmonite conosciuta.

Nel 1918, i medici potevano solo constatare gli effetti della violenza dell'assalto. Le spiegazioni sarebbero arrivate in seguito, una volta chiarita la natura virale della malattia. Il virus della spagnola, disperso da un individuo infetto attraverso le goccioline di saliva (e, come accade alle forme virali più efficienti, il massimo della contagiosità è raggiunto *prima* che si manifestino i sintomi), entra nelle vie respiratorie attraverso il naso o, più facilmente, la bocca. Quando raggiunge i tessuti del nuovo ospite, tenta subito di fare ciò per cui è programmato: penetrare in una cellula e costringerla a produrre copie del virus (di solito, nel giro di dieci ore una cellula infettata esplode liberando da 1000 a 10.000 virus, ciascuno dei quali si getta all'attacco di un'altra cellula). In generale i virus respiratori si fermano nella parte superiore dell'apparato respiratorio. Quelli del raffreddore – la malattia più lieve – non superano il naso; l'influenza «normale» giunge fino alla trachea e ai bronchi. Invece virus particolarmente «cattivi», come quelli dell'influenza spagnola, ma anche il nuovo coronavirus, arrivano fino al punto delicatissimo nel quale avviene lo scambio gassoso tra sangue e aria: gli alveoli. Se il virus rende impossibile lo scambio di ossigeno con il sangue, questo, nel giro di poche ore, può uccidere il paziente.

Quei polmoni gonfi di sangue e di residui cellulari sono invece il risultato dell'azione combinata del virus e della risposta eccessiva del sistema immunitario. Nel tentativo di bloccare l'attacco del virus, si scatena una potente e incontrollata reazione infiammatoria – chiamata *cytokine storm*, «tempesta di citochine» – che insieme ai virus finisce per danneggiare drammaticamente anche i polmoni, riducendoli in quello stato che tanto sconcertava i patologi. La cianosi (il colorito bluastro del volto, e il progressivo annerimento della pelle a partire dalle estremità) è il segno che i polmoni non riescono più a ossigenare il sangue.

La natura di queste tre ondate epidemiche con diversa patogenicità non è stata ancora perfettamente compresa ed è motivo di un dibattito tra scienziati. Però con il tempo abbiamo capito che il virus dell'influenza è qualcosa di unico, in quanto il suo genoma è composto da otto pezzi diversi di RNA. Otto pezzi distinti fisicamente, come otto carte da gioco. Ciò consente a questo virus un esercizio peculiare. Oltre alle mutazioni che insorgono come per tutti gli altri virus e che sono alla base delle epidemie stagionali, dovute all'arrivo di un ceppo diverso da quello dell'anno precedente che il nostro sistema immunitario non riesce a riconoscere perfettamente, l'influenza ha un'altra possibilità. Se due virus – uno umano e uno animale – infettano contemporaneamente un uomo (o un animale) quello che può succedere è un rimescolamento degli otto frammenti umani con gli otto frammenti animali. Nella grandissima parte dei casi non succede niente, in pochissimi succede un guaio. Se i frammenti di genoma si sono rimescolati tra loro in un modo rarissimo, ma favorevole, salta fuori un nuovo virus, frutto di un improbabile ma efficiente riassortimento tra i frammenti umani e animali. Un mazzo di carte completamente nuovo che può far partire una pandemia, che significa un'epidemia mondiale.

Questo evento gravissimo si verifica perché mentre nel caso dell'epidemia stagionale tutti hanno un certo grado di immunità nei confronti del virus che circola, che è una variante di quello dell'anno precedente, nel caso del ceppo pandemico siamo davanti a un virus sostanzialmente nuovo, e nessuno (o pochissimi) ha anticorpi protettivi. L'emergenza di un ceppo influenzale pandemico è cosa rara, ma non abbastanza. In tempi recenti è successo nel 2009: un nuovo ceppo derivato da un rimescolamento tra influenza umana, aviaria e suina; per fortuna è venuto fuori un virus non aggressivo come inizialmente si temeva.

Era successo anche nel 1957 e nel 1968, quando si sono originati due virus diversi e nuovi per un rimescolamento tra virus umano e virus degli uccelli. In questo caso è andata peggio, perché i morti sono stati in entrambi i casi ben sopra il milione.

Ma qual è stato il focolaio della spagnola? Come è avvenuto questo rimescolamento che ha conferito a un virus influenzale degli uccelli la capacità di colpire gli uomini in quella forma così violenta? Non lo sappiamo con certezza, o meglio: sappiamo che il 4 marzo 1918, in un campo di addestramento nel Kansas, molti soldati sono stati colpiti da una nuova forma influenzale che da lì si è propagata nel resto del mondo. Ma sulla strada percorsa dal virus prima di arrivare lì ci sono almeno tre ipotesi.

La prima chiama in causa la Cina. Il serbatoio dei virus influenzali è costituito dagli uccelli selvatici acquatici, e il virus passa anche ai polli d'allevamento, ai maiali e, attraverso i maiali, all'uomo. La Cina è il luogo in cui c'è la maggiore quantità e densità di uccelli selvatici, polli, maiali d'allevamento e uomini, e dunque è maggiore la probabilità che i virus possano mutare o rimescolarsi. Ne è la prova il fatto che la SARS, il nuovo coronavirus e due delle tre pandemie influenzali che hanno seguito la spagnola provengono certamente proprio da quelle parti. Nel dicembre 1917 la provincia settentrionale dello Shanxi viene attraversata da una malattia respiratoria temibile e sconosciuta. Tra i sintomi ci sono emottisi (cioè espettorato sanguinolento), dolori al petto, febbre, sintomi tipici della peste polmonare. Però non è così fatale come la peste polmonare (che è mortale in più del 90% dei casi). È la prima apparizione del virus della spagnola? Ma come è finito dalla Cina al Kansas?

Ancora una volta, la risposta potrebbe essere la guerra

mondiale. La Cina, a lungo neutrale, aveva dichiarato guerra alla Germania e all'Austria-Ungheria nell'agosto 1917 e aveva mandato in Europa un contingente di lavoratori che avrebbe provveduto a scavare trincee e ad altri lavori pesanti. Il reclutamento avveniva proprio nelle province settentrionali, e il viaggio era verso est, attraverso il Canada: dopo una quarantena a Vancouver, i lavoratori cinesi venivano ammassati su treni sorvegliati diretti alla costa orientale, dove salivano sulle navi per la Francia. Non era impossibile, quindi, che qualche lavoratore dello Shanxi, affetto dalla misteriosa malattia, nella primavera del 1918 si trovasse nell'America settentrionale e avesse contagiato per esempio un addetto ai convogli ferroviari.

Nella seconda ipotesi, l'origine sarebbe molto meno esotica: Étaples, nell'estremo nord-est della Francia, dove tra la Manica e la linea del fronte gli inglesi, all'inizio della Prima guerra mondiale, avevano costruito un enorme campo con baracche per alloggiare soldati, magazzini e ospedali. Nel gennaio 1917, i medici militari cominciano a segnalare una «bronchite purulenta» che, col senno di poi, mostra strane somiglianze con l'influenza che inizierà a circolare più di un anno dopo: il colorito dei malati è bluastro, e l'autopsia su alcune vittime porta alla luce polmoni congestionati e infiammati. Occorre aggiungere che a soli cinquanta chilometri da Étaples c'è l'estuario del fiume Somme, importante area di sosta degli uccelli migratori, e che nel campo inglese c'era un allevamento di maiali: la grande concentrazione di esseri umani e la presenza di uccelli acquatici e maiali è appunto una condizione favorevole allo sviluppo di un nuovo virus influenzale. Perché allora la pandemia non si è diffusa direttamente da qui, con un anno d'anticipo? Forse perché il virus ha avuto bisogno di un anno per sviluppare una più efficace capacità di contagio.

La terza ipotesi ci riporta in Kansas. Nella contea di Haskell, abitata da contadini poveri che allevavano polli e maiali, nel gennaio 1918 scoppia un focolaio di polmonite, segnalato sul bollettino settimanale dell'ufficio per la Sanità Pubblica il 30 marzo: lo stesso giorno in cui il responsabile medico di Camp Funston manda un telegramma a Washington per comunicare che nel suo ospedale è scoppiata un'epidemia. E se a portare il virus al campo di addestramento fosse stato un ragazzo della contea di Haskell?

Scoprire il vero «paziente zero» ci aiuterebbe a capire i meccanismi dell'epidemia, ma potremmo arrivare a una risposta certa solo se trovassimo campioni biologici dei contagiati dello Shanxi, di Étaples e della contea di Haskell, riuscissimo a isolare un campione del virus e confrontassimo il suo genoma con quello dei virus ricavati dai pazienti morti di spagnola.

Non è facilissimo che succeda e queste rimangono al momento ipotesi, belle da raccontare per fare comprendere la possibile insorgenza di un nuovo virus, ma non provate scientificamente nel modo rigoroso in cui sarebbe auspicabile.

In ogni caso, la pandemia del 1918-1919 ci insegna molte cose utili. In primo luogo, la terribile facilità del contagio ci ricorda l'importanza delle azioni di contenimento: i movimenti e i raduni di masse di persone (per la guerra e per i festeggiamenti legati alla sua fine) hanno spianato la strada al virus. Nella città spagnola di Zamora, il vescovo, incurante delle raccomandazioni delle autorità sanitarie, aveva promosso messe e novene per chiedere perdono a Dio dei peccati all'origine dell'epidemia, e i fedeli erano invitati a baciare le reliquie di san Rocco, tradizionalmente invocato contro la peste. Sarà un caso, ma a Zamora il tasso di mortalità, il 3%, è stato il doppio della media della Spagna.

In secondo luogo, anche se allora la medicina non aveva mezzi per intervenire sulla malattia in sé (non c'erano farmaci antivirali, non c'erano antibiotici, il destino di chi si ammalava dipendeva dalla reazione individuale), l'andamento dell'epidemia dimostra che, di norma, dove le condizioni igieniche e sociosanitarie erano migliori la mortalità era inferiore, perché l'azione efficace delle autorità sanitarie consente sempre di limitare le occasioni di contagio, l'unico metodo per ridurre la mortalità di una malattia di per sé poco «curabile».

Infine, la storia della spagnola ci mette di fronte alcune domande tuttora cruciali. Come ha fatto un'epidemia molto aggressiva ma non particolarmente mortale comparsa nella primavera del 1918 a trasformarsi in agosto nella più grande sterminatrice nella storia dell'umanità?

Perché uccideva soprattutto gli uomini giovani e le donne incinte? Perché era meno pericolosa per gli anziani? Perché i bambini tra i 5 e i 15 anni si ammalavano tantissimo ma raramente morivano?

Non abbiamo risposte certe a queste domande, ma sappiamo che la ricerca per trovarle ci farà avanzare nella comprensione dei meccanismi fondamentali delle infezioni.

8

Contenere l'Ebola

Siamo in Belgio, ad Anversa, nel 1976. L'ultimo martedì del mese di settembre il laboratorio di microbiologia dell'Istituto di Medicina Tropicale è in allarme: sta arrivando un pacco contenente un campione di sangue da una regione dell'Africa equatoriale, situata lungo le sponde del fiume Congo, dove si sta verificando una strana epidemia che ha già causato molti morti. Non è frequente, ma in una struttura come quella, certificata per la diagnosi di qualunque tipo di malattia, ogni tanto arrivano campioni da zone remote del pianeta con la speranza che i ricercatori riescano a capire qualcosa di una situazione incomprensibile. Però l'arrivo di un pacco dallo Zaire non è cosa di tutti i giorni.

Lo Zaire (già Congo belga, oggi Repubblica Democratica del Congo) in quegli anni molti non avrebbero saputo situarlo correttamente su una cartina geografica dell'Africa, ma gli appassionati di calcio lo avevano ben presente perché era finito sulle pagine di tutti i giornali per una vicenda tragica e grottesca.

Germania Ovest, Mondiali di calcio, anno 1974. Il regolamento del torneo prevede che venga inclusa una squadra africana. La situazione governativa dello Zaire, in quegli anni, non è promettente: dopo che il Belgio, nel 1960, aveva concesso l'indipendenza, erano cominciati anni di guerra civile fino a quando, nel 1965, era riuscito a salire al potere con un colpo di Stato il maresciallo Mobutu che, fra le altre cose, era un appassionato di calcio. Mobutu, una volta al comando, decide di dare spazio alla sua grande passione: mette insieme una Nazionale di calcio che sconfigge trionfalmente le rivali Togo, Camerun, Ghana, Zambia e Marocco e si aggiudica, tra gli applausi del dittatore, la qualificazione ai Mondiali in Germania Ovest. Ai giocatori vengono promessi premi in denaro, case e automobili nell'eventualità di un buon risultato.

Purtroppo, però, l'esito è disastroso. La prima partita si conclude due a zero per la Scozia, nella seconda viene inflitta agli africani una storica umiliazione da parte della Jugoslavia (nove a zero). L'ultima partita – quella con il Brasile – sta finendo e l'arbitro concede un calcio di punizione al Brasile al limite dell'area dello Zaire. L'avrebbe dovuto calciare il numero sette brasiliano, il campione Roberto Rivelino. Il numero due dello Zaire, Mwepu Ilunga, prima ancora del fischio dell'arbitro, corre verso il pallone e lo calcia molto lontano. L'arbitro decide di ammonirlo, Rivelino non riesce a trattenere una risata: questo giocatore non conosce neanche le regole del calcio? Ilunga gli va davanti e gli grida con rabbia: «E tu, cosa ridi?».

Il gesto sembra incomprensibile. Solo anni dopo se ne capiranno le ragioni. In seguito alla scandalosa sconfitta contro la Jugoslavia, infatti, Mobutu aveva raggiunto i suoi giocatori in Germania, accompagnato da alcuni funzionari armati, minacciando terribili rappresaglie nel caso in cui il Brasile avesse segnato, durante la partita, più di tre gol, e in quel momento lo Zaire stava perdendo tre a zero. Insomma, quello di Ilunga è stato un gesto ribelle dettato dalla paura provata da giocatori che non vennero mai pagati e che in molti casi, in seguito a quella vicenda, si sono visti costretti a una vita di isolamento, esclusione e povertà. E proprio da questo mondo isolato, escluso e povero arrivava il pacco che giunse nel laboratorio di Anversa il 29 settembre 1976.

Questo pacco l'ha spedito il dottor Jacques Courteille, medico che lavora in una clinica di Kinshasa, proprio nello Zaire; contiene un thermos che trasporta due provette con il sangue di una suora belga missionaria. Sì, un thermos, di quelli che si usano per il tè e il caffè. I ricercatori provano a raccogliere qualche informazione in più su questa storia misteriosa: sembra che il centro dell'epidemia sia Yambuku, il villaggio natale del presidente Mobutu. Qui le siringhe e gli aghi che si usano nell'ospedale del villaggio non vengono mai sterilizzati fra un paziente e l'altro, la condizione ideale perché un virus si possa diffondere con grande facilità. Nel giro di tre settimane sono morte più di duecento persone. Le voci dicono che la suora sia stata colpita da una forma atipica e particolarmente letale di febbre gialla, una malattia conosciuta e presente in quelle zone dell'Africa, che però viene trasmessa dalle zanzare.

Basta poco per capire che non si tratta di febbre gialla, ma di qualcosa di ben peggiore. L'Organizzazione Mondiale della Sanità dà l'ordine ai belgi di chiudere e rimpacchettare tutto. Le provette devono essere immediatamente inviate al Centro per il Controllo delle Malattie (CDC) di Atlanta, il più grande centro di ricerca del mondo nel campo delle malattie infettive. Ma Stefaan Pattyn, il direttore del laboratorio di Anversa, non vuole passare la palla. Ha la sensazione che quel sangue potrebbe portare alla scoperta di qualcosa di nuovo e non può lasciarlo andare via: la gloria e la fama che ne deriverebbero sono troppo grandi per consegnarle agli americani. Il grosso del materiale sarà spedito in America, ma una parte rimarrà in Belgio. Gli scienziati sono uomini, e degli uomini hanno tutte le debolezze.

Passano i giorni e il 12 ottobre l'analisi dei campioni che i belgi avevano clandestinamente tenuto nel loro laboratorio dà infine i primi risultati. Pattyn, spaventato, grida: «Che diavolo è questo?». Nulla a che vedere con la febbre gialla: al microscopio elettronico quel virus assomiglia ad altri virus che causano una febbre emorragica. Il panico si scatena. Pattyn è molto determinato nel perseguire i suoi obiettivi, ma non ha uno spirito suicida.

Questa volta ordina di chiudere tutto, anche i campioni clandestini devono partire al più presto alla volta del CDC di Atlanta. Nel laboratorio di microbiologia di Anversa non sono in grado di gestire un virus così letale. Due giorni dopo dalla sezione Patogeni Speciali del CDC arriva la risposta. È un nuovo virus.

Belgi e americani partono per andare a studiare l'epidemia da vicino. Poco dopo la metà di ottobre arrivano a Yambuku e il villaggio è immobilizzato dalla quarantena. Le persone, circondate da amici e familiari gravemente malati, capiscono che solo pochi riescono a sopravvivere e sono terrorizzate dal tragico destino cui potrebbero andare incontro. Il medico responsabile del piccolo ospedale della zona è oberato di lavoro e non è in grado di gestire quella pericolosa febbre che sta colpendo la maggior parte dei suoi compaesani con sintomi violenti e difficilmente controllabili. Dopo giorni di ricerche e interviste a tutti gli abitanti del villaggio e delle aree circostanti, i ricercatori vanno a Kinshasa per analizzare i campioni di sangue delle persone malate raccolti nella zona di Yambuku.

Il primo grandissimo passo per iniziare a capire l'epidemia è compiuto: in quel laboratorio confermano il risultato raggiunto pochi giorni prima in America. Il responsabile dell'epidemia è ufficialmente un nuovo virus e deve chiamarsi come il fiume che bagna il villaggio in cui è stato scoperto. Ma il fiume Congo aveva già dato il nome a un virus, molti anni prima. Ci sono altri fiumi vicino a Yambuku? Guardando una vecchia mappa se ne vede uno più a nord. Non è vicino ma il nome è deciso: il nuovo virus si chiamerà Ebola, un nome che ancora oggi significa morte.

L'Ebola appartiene a una famiglia di virus comunemente presenti nelle regioni occidentali ed equatoriali dell'Africa e può infettare alcuni animali selvatici. Occasionalmente si può verificare il cosiddetto salto di specie, lo spillover, e l'infezione viene trasmessa agli esseri umani. Nonostante non ci sia ancora una certezza, si pensa che i pipistrelli della frutta siano gli ospiti naturali di questo agente infettivo. Gli esseri umani possono ammalarsi in due modi, tramite il contatto diretto con pipistrelli infetti oppure con animali della foresta a loro volta infettati dai pipistrelli. Anche le carcasse possono trasmettere il virus. Una volta passato nell'uomo, l'Ebola si può diffondere con un contagio interumano, attraverso il contatto con il sangue, la saliva, le lacrime, il sudore e altri fluidi corporei, incluso il latte materno. Una caratteristica particolare – e importante per la sua diffusione – è che il virus può essere anche trasmesso da cadaveri di pazienti morti di questa malattia.

Il pericolo di infezione fra esseri umani è quindi concreto, anche perché il virus può resistere per qualche ora all'aria aperta. Dunque non è necessario un rapporto sessuale non protetto o l'essere punti con una siringa contaminata. Basta la maniglia di una porta toccata da un malato con le mani sporche di saliva, magari per uno starnuto. Se la si tocca e poi si portano le mani alla bocca o agli occhi ci si può ammalare. È facile immaginare cosa possa succedere in un contesto africano dove il contatto fisico fa parte della cultura e le norme igieniche sono tutt'altro che buone. Per non parlare dell'insufficiente pulizia all'interno degli ospedali. Il terreno per la diffusione dell'epidemia è più fertile che mai.

La malattia viene definita una febbre emorragica. Dopo un periodo di incubazione di una ventina di giorni compare all'improvviso qualcosa che assomiglia a un'influenza. Febbre alta, malessere, stanchezza, dolori ossei e muscolari. Ma mentre l'influenza nel giro di due o tre giorni inizia a dare segni di un miglioramento, l'Ebola peggiora: a causa della perdita di liquidi, il paziente può andare in shock, una situazione pericolosissima nella quale gli organi del corpo ricevono sempre meno sangue e di conseguenza meno ossigeno, aumentando esponenzialmente le possibilità di morte. In questo stadio terminale della malattia possono comparire delle emorragie, ossia dei sanguinamenti. Per questo la sindrome causata dall'Ebola è chiamata febbre emorragica. La mortalità è altissima: a seconda delle epidemie, oscilla fra il 25% e l'80%. Ciò significa che, come minimo, un quarto delle persone infette non sopravvive, ma spesso la percentuale di quelli che non ce la fanno è molto, molto più alta.

Fra il 1976 e il 2012 si sono susseguite, nei Paesi equatoriali dell'Africa, più di venticinque epidemie di Ebola, tutte molto simili a quella di Yambuku. La paura ritorna però quando, alla fine del 2013, il virus si sposta e arriva a Meliandou, un villaggio sperso nelle foreste del sud-est della Guinea. Il piccolo Émile Ouamouno, il 26 dicembre, ha la febbre alta e vomita molto. Meliandou è un minuscolo agglomerato di case, pochi abitanti, tutti si conoscono. Le capanne poggiano direttamente sulla terra e non ci sono strade asfaltate. Le donne cucinano e lavano i piatti sul ciglio delle vie, le galline razzolano fra le capanne, i bambini schiamazzano in giro, gli uomini vanno a lavorare nei campi. Le condizioni di Émile peggiorano e il piccolo muore. Pochi giorni dopo quella malattia infernale colpisce anche la sorellina di 3 anni e la mamma incinta. Nemmeno loro ce la fanno. Da dove Émile si fosse preso l'infezione non è certo, ma si pensa che la trasmissione sia avvenuta da un animale infetto, probabilmente un pipistrello. Quello che è certo è che si tratta della variante Zaire del virus Ebola, la più terribile, caratterizzata da una mortalità molto elevata.

Il contagio è iniziato. Émile ha trasmesso il virus Ebola ai suoi familiari, che a loro volta hanno contagiato altri. In poco tempo la malattia esce dai confini di Meliandou e comincia a diffondersi in Guinea raggiungendo in marzo anche la capitale Conakry, la città più popolosa della nazione, con più di tre milioni e mezzo di abitanti. Ben presto la situazione è fuori controllo, i malati continuano ad aumentare e l'infezione oltrepassa i vicini confini con la Liberia e con la Sierra Leone, raggiungendo le capitali di questi due Paesi, Monrovia e Freetown (da cui, come ricorderete, era cominciata nell'agosto 1918 la diffusione in Africa della seconda, terribile ondata di influenza spagnola).

Nel 2014 a Freetown i casi di malattia sono tantissimi, più che in tutte le altre città: la Sierra Leone è la nazione maggiormente stravolta da un'epidemia senza precedenti, che arriverà a colpire quasi trentamila persone e a ucciderne più di undicimila. Il terrore avanza e l'Ebola paralizza tre Paesi paurosamente poveri. Nel giro di pochi mesi i casi di persone contagiate subiscono un'impennata, come anche i morti, e le misure preventive – basate sulla necessità di evitare qualunque contatto fisico con le altre persone, dal momento che il virus viene trasmesso tramite fluidi corporei – non fanno presa su gente che per tradizione sul contatto fisico fonda i rapporti sociali. L'acronimo ABC, «Avoid Body Contact» (ossia evitare qualunque contatto), è scritto ovunque: volantini, cartelloni, murales. I posti di blocco sulle strade sono tantissimi e la misura della temperatura corporea, effettuata tramite un termometro laser a forma di pistola da puntare sulla fronte, è l'unica arma per far scattare l'allarme di caso sospetto se risulta superiore ai trentotto gradi. Le scuole sono chiuse, in chiesa non si può andare, le serrande di molti negozi e attività commerciali sono abbassate.

Se i casi fossero rimasti circoscritti ai villaggi della foresta, isolati e lontani da tutto, ci sarebbero verosimilmente state alcune centinaia di persone colpite e di morti e la situazione si sarebbe progressivamente risolta, come era successo nelle altre epidemie. Nel 1976 i medici belgi e americani avevano lavorato per settimane nei villaggi colpiti dal virus, a stretto contatto con gli abitanti delle comunità della foresta. Erano riusciti a far capire alle persone quanto quel virus fosse pericoloso e che l'unico modo per combatterlo era cambiare i propri comportamenti per ridurre la trasmissione della malattia. Ma nel 2014 il virus Ebola colpisce una zona impreparata al suo arrivo. I Paesi dell'Africa occidentale sono fra i più poveri al mondo, appena usciti da anni di conflitti e di guerre civili, hanno una situazione sanitaria e politica molto fragile.

Questa volta le cose vanno diversamente dal solito e l'epidemia si diffonde. Non è possibile fermarla e le misure di contenimento non funzionano. I malati non vengono identificati precocemente e così non avviene il loro rapido isolamento nei centri costruiti proprio per i soggetti affetti dall'Ebola, nei quali lavora solo personale addestrato a evitare il contatto con il sangue e le secrezioni corporee. È difficile trovare tutti i casi entrati in contatto con i malati e nemmeno la quarantena riesce a evitare la diffusione della malattia. La cosa più importante è fare in modo che le persone non entrino più in contatto con il virus e non si contagino: in un contesto simile questa è la sfida più grande.

I medici a dir poco scarseggiano e molti di loro perdono la vita durante l'epidemia, cosa che rende ancora più difficile la battaglia contro il virus. La vulnerabilità e la fragilità dei sistemi sanitari non permettono una pronta reazione al nuovo pericolo, che avrebbe dovuto invece essere rapidissima. Inoltre, per confermare la presenza di un'infezione, bisogna fare una diagnosi, e questo presuppone la disponibilità di un test diagnostico che possa dare una risposta in tempi brevi. Ma i laboratori nell'Africa occidentale sono pochi, quasi tutti localizzati nelle città e quindi a chilometri e chilometri di distanza dai piccoli villaggi colpiti in mezzo alla foresta. Le ambulanze mancano e la fornitura dei dispositivi di protezione individuale come tute, guanti e mascherine spesso è inaffidabile e inadeguata.

La povertà, inoltre, non permette alle persone di avere un lavoro stabile per guadagnare uno stipendio sufficiente a mantenere tutta la famiglia. La gente quindi è costretta a spostarsi per sopravvivere: un regalo per il virus, che può continuare a circolare. Non c'è alternativa: le zone dove si concentrano le infezioni devono essere messe in quarantena. La decisione è drastica e pesantissima per molti individui, ma necessaria per cercare di contenere l'epidemia. Interi quartieri sono contornati da poliziotti e militari che si assicurano che l'isolamento venga rispettato: nessuno può entrare, nessuno può uscire. Le persone che devono lavorare spesso non possono farlo e i soldi per comprare il cibo scarseggiano. La miseria dilaga e la gente cerca in tutti i modi di sfuggire alla quarantena. Alcuni riescono a scappare durante la notte, per poi tornare a casa il mattino successivo, contribuendo alla diffusione dell'infezione. Una situazione in totale contrasto con l'Africa di sempre, quella degli abbracci, delle strette di mano e delle pacche sulle spalle, delle strade affollate, del caos, delle urla, della musica e delle canzoni, dei quartieri tanto colorati quanto popolati.

E poi la paura. La paura di un virus che uccide in maniera quasi infallibile è terribile, il terrore si radica nelle persone che pur di non sentirsi dire «tu sei malato» scappano, fuggono dalle diagnosi e dalle cure. I parenti di persone infette nascondono i loro malati, non vogliono che vengano isolati nei centri specifici per il trattamento dell'Ebola, li chiudono nelle case e nelle capanne e spesso scelgono di portarli da sciamani o guaritori appartenenti alla loro tradizione e alla loro cultura. Le voci sui possibili effetti miracolosi di incantesimi e stregonerie abbondano. Almeno due persone sono morte dopo essersi curate bevendo acqua salata, che si diceva fosse protettiva. Per questo è fondamentale il ruolo degli antropologi che comunicano, ove possibile anche attraverso l'importantissimo aiuto dei leader religiosi, il rischio reale dell'infezione da virus Ebola agli abitanti dei villaggi e delle comunità.

Ma il terrore è difficile da vincere, è radicato a tutti i livelli, fra la gente, fra i medici e fra i politici. Costituisce un ostacolo tutt'altro che facile da superare e si accompagna alla scarsa fiducia nella risposta sanitaria da parte degli abitanti delle comunità e dei villaggi che spesso minimizzano, non capiscono la gravità della situazione. La gente non si fida: un familiare di alcuni malati di Ebola porta via i suoi cari dal centro di isolamento dicendo che intende ricoverarli in un altro ospedale, ma è una bugia, spariscono tutti e nessuno sa dove siano finiti. Insomma, è facile immaginare la pericolosità di questi comportamenti e l'enorme probabilità di diffondere ulteriormente la malattia.

In un contesto come questo il sistema di sorveglianza che si basa sul precoce isolamento dei casi e sull'identificazione delle persone con le quali si è entrati in contatto salta per aria. Così, oltre alla quarantena, è necessaria la misura estrema: il coprifuoco, durante il quale la gente non può uscire di casa e le attività commerciali devono essere tenute chiuse. Dopo questo provvedimento le metropoli si trovano in una situazione incredibile e inconsueta: le strade delle città sono deserte e silenziose, perfino quelle della capitale Freetown. Gli unici esseri umani che si vedono in giro sono i soldati nei posti di blocco.

Per fermare il diffondersi di questa malattia mortale le abitudini sociali e culturali devono essere stravolte. Basti pensare che una delle maggiori fonti di contagio è costituita dai funerali: in Guinea il 60% dei casi di Ebola è stato causato dai riti funebri tradizionali. In Africa il rito di passaggio verso l'aldilà è fondamentale e i propri cari vengono seppelliti con riti sacri per permettere alla persona che non c'è più di abbandonare questo mondo con onore e dignità. Gli africani tengono molto a queste celebrazioni, durante le quali i cadaveri vengono lavati, massaggiati e toccati da molte persone prima della sepoltura. Però purtroppo, come abbiamo detto, il virus Ebola è presente e abbondante nei cadaveri, per cui questi riti favoriscono il contagio. I funzionari del governo si muovono e proibiscono i funerali, che saranno curati dallo Stato applicando le dovute norme di igiene e sicurezza. Tutti, infatti, devono essere trattati come sospetti, e tutti fino a prova contraria vengono considerati come morti di Ebola. Solo i pochissimi che hanno la fortuna di avere un certificato che attesti che quella persona è morta di qualcos'altro possono procedere in autonomia e organizzare il proprio rito funerario secondo la tradizione.

Come è immaginabile, non sono rare le ribellioni di interi villaggi che protestano contro questi provvedimenti. È, anche qui, fondamentale il ruolo degli antropologi che, dove possono, cercano di avvalersi dell'aiuto dei leader religiosi locali. In alcune zone si riesce a istituire un nuovo rito funebre, durante il quale i familiari in lutto possono chiedere perdono ai loro morti per non aver potuto celebrare il rito tradizionale. Ma queste misure non bastano. La cura, l'empatia e l'affetto verso i propri cari non sono più permessi: un Paese colpito nell'anima e nel cuore.

La quarantena, il coprifuoco e il controllo dei riti funebri portano, seppur lentamente, i loro frutti. Dal mese di aprile 2015 il numero delle persone infette inizia a scendere in maniera drastica. L'Organizzazione Mondiale della Sanità, però, non potrà dichiarare la conclusione dell'epidemia fino alla fine dell'anno. Ci vorranno altri mesi, infatti, per cambiare il comportamento delle troppe persone ancora riluttanti a rivolgersi a un medico in caso di comparsa di sintomi o di quelle che fuggiranno dalla quarantena in caso di contatto con amici o parenti malati o, ancora, di quelle che si ostineranno a seppellire i propri cari seguendo la tradizione che, in quel momento, significa contagio certo. Però, alla fine, l'uomo riesce a vincere contro questo flagello.

La storia dell'Ebola insegna che per combattere un'epidemia ci vogliono essenzialmente rapidità e strategia. È un gioco di ruoli e d'astuzia contro un virus che tenta a più non posso di diffondersi e il tempo la fa da padrone: più si tarda a mettere in atto le procedure necessarie a contenere i contagi, più si rischia la sconfitta.

Infine, ogni epidemia insegna qualcosa. Il disastro avvenuto nell'Africa occidentale nel 2014 ha certamente dato molte lezioni su come gestire il contagio di migliaia di persone in Paesi poveri che, da soli, non sarebbero stati in grado di fronteggiare un'emergenza così grande. La maledizione che ha colpito la Guinea, la Liberia e la Sierra Leone è un esempio che rimarrà per sempre nella storia. E serve anche per riflettere sulla fortuna di essere nati in un Paese dove il servizio sanitario è efficiente e dove un disastro del genere non si sarebbe mai potuto verificare. Il nostro modo di vivere e le nostre organizzazioni sanitarie ci avrebbero permesso di fermare il contagio, ma non tutti i virus sono facili da bloccare come l'Ebola. In altre occasioni la nostra società occidentale si è mostrata debole e vulnerabile.

Come è accaduto nel caso dell'AIDS agli inizi degli anni Ottanta.

9

Disinnescare l'HIV

La storia dell'epidemia causata dal terribile virus HIV, in grado di provocare la malattia mortale chiamata AIDS, nasce da molto lontano. Dobbiamo – grazie a tecniche modernissime di genetica molecolare note come *molecular clock analysis*, cioè «analisi dell'orologio molecolare» – mandare indietro il calendario fino alla prima metà del Novecento. Siamo nella zona sotto il deserto del Sahara che corrisponde all'odierno Camerun. Arrivano i colonizzatori e con la forza cacciano gli abitanti nelle foreste, occupando i loro villaggi. La vita per questi poveretti è difficile. Hanno fame e cominciano a cacciare le scimmie per mangiarsele. A un certo punto forse una scimmia morde qualcuno, forse un uomo si ferisce mentre sta preparando la carne per cucinarla: non sappiamo come è successo e non lo sapremo mai. Ma avviene uno spillover: un virus della scimmia passa nell'uomo e riesce a diventare un virus umano.

Per anni il virus si diffonde in modo molto circoscritto in Africa. Si trasmette solo con lo scambio di sangue e – in maniera limitata – con i rapporti sessuali. In un continente dove si muore per malaria, vaiolo, morbillo e dove l'aspettativa media di vita è bassissima, chi muore di una malattia strana non viene neanche notato. Il virus rimane lì, galleggia tra la popolazione, ma continua a trasmettersi con il sangue, le siringhe infette, i rapporti sessuali e da madre a figlio. Tuttavia il contatto con il sangue è rarissimo, le siringhe sono poche in quei paesi arretrati, i rapporti sessuali non sono una via efficiente di diffusione. Con un'eccezione, però: il rapporto sessuale tra due uomini, che trasmette con maggiore efficacia il virus. Questo elemento sarà decisivo per la storia dell'epidemia.

A questo punto la nostra macchina del tempo ci porta in un'altra data, che apparentemente non c'entra nulla con l'HIV e che invece si rivelerà cruciale per la storia di questo virus. Siamo nelle ultime ore del 29 giugno 1969, in una calda notte dell'estate newyorkese, mentre sta per accadere qualcosa di molto importante. Un fatto che corona una tensione ideale che si sta preparando dall'inizio degli anni Sessanta, un'onda a favore dei diritti delle donne, dei neri e degli omosessuali. Un'epoca infuocata, caratterizzata da lotte decise e passionali contro i valori tradizionali della famiglia, del matrimonio e dell'amore fra uomo e donna concepito come l'unico possibile. L'uso degli antibiotici ha letteralmente azzerato la paura delle malattie veneree e la disponibilità della pillola anticoncezionale ha fatto esplodere la libertà sessuale.

Una libertà rivendicata ancor più dagli omosessuali, che fino ad allora vedevano negati i loro diritti, costretti a nascondersi e a vivere clandestinamente le loro relazioni. In molti Stati la legge li discrimina in modo intollerabile. Ma gli omosessuali sono tanti, milioni di persone che ormai protestano apertamente contro l'intolleranza e le violenze che le reprimono e le costringono a nascondersi. Vogliono che le cose cambino e qualcosa inizia a cambiare per davvero nella notte di quel torrido 29 giugno. Lo Stonewall Inn, locale gay del Greenwich Village a New York, è affollato, come al solito. I suoi clienti sono uomini e donne omosessuali che si godono la nottata nonostante la paura a cui sono abituati: è l'unico locale dove possono radunarsi anche se i raid delle forze dell'ordine sono la norma e culminano puntualmente nella violenza.

Quella notte, però, quando la polizia arriva per picchiarli come al solito, i clienti dello Stonewall Inn non scappano. Nel momento in cui gli agenti mettono piede nel locale scoppia la rivolta, volano bottiglie, sedie, bicchieri, tavolini, gli avventori si battono come leoni e questa volta le urla non si placano. Le forze dell'ordine sono costrette a battere in ritirata e la scena si ripete anche le notti successive. La voce si diffonde in un attimo, gli omosessuali di tutta l'America si riuniscono e si muovono verso le città, soprattutto a San Francisco che diventa la capitale gay degli Stati Uniti e del mondo. Si apre una nuova era di libertà e, come accade spesso dopo un'intollerabile persecuzione, di quella libertà si vuole godere.

Gli omosessuali devono rifarsi degli anni di oppressione e di paura e ora vivono la loro sessualità in maniera libera, come non hanno mai potuto fare prima. Ma i numeri di questa legittima libertà sono inaspettati. In un quartiere della città, Castro, i bar e i sex club imperversano, e la città si riempie di *bath houses*, una sorta di bagni termali dove i gay possono abbandonarsi al desiderio sessuale, lontani dalle discriminazioni e dagli sguardi giudicanti della gente. D'altra parte non stanno facendo male a nessuno, sono adulti consenzienti e, se salta fuori una malattia venerea come la sifilide o la gonorrea, basta prendere un antibiotico per qualche giorno e si guarisce. Nel 1975 l'Istituto Kinsey conduce nei locali dove si pratica il «culto dello scambio» un'inchiesta che rivela numeri pazzeschi: oltre il 40% degli interrogati dichiara di aver avuto almeno cinquecento partner nell'ultimo anno e il 28% di loro dice di averne avuti più di mille.

Il mondo è cambiato. Sono cambiate le abitudini sessuali di un numero notevole di persone. Rapporti sessuali molto rari nei villaggi africani diventano comuni; e questi rapporti sono quelli attraverso i quali l'HIV si trasmette con maggiore efficienza. Un virus che circolava pochissimo tra le foreste africane ha un'occasione fantastica per invadere il mondo. Ovviamente non se la farà sfuggire.

Il virus, con tutta probabilità passando per Haiti, arriva nella comunità degli omosessuali americani a Los Angeles. Non sappiamo come questo sia avvenuto, ma il virus, una volta giunto negli Stati Uniti, trova le condizioni ideali per diffondersi con un'efficienza molto maggiore di quanto non avveniva nei poveri villaggi dell'Africa subsahariana.

All'inizio nessuno se ne accorge, perché i sintomi dell'infezione sono lievissimi e il virus continua a replicarsi in persone che sono in apparente buona salute. Ma improvvisamente la situazione cambia. Siamo nell'autunno del 1980, e Michael Gottlieb, un medico che lavora all'Università della California a Los Angeles (UCLA), si imbatte in un caso che lo lascia perplesso. Un omosessuale trentenne fino a quel momento perfettamente sano si presenta al pronto soccorso con problemi alla lingua e alla bocca che sono peggiorati negli ultimi giorni, tanto da impedirgli di deglutire per il dolore. Gli esami indicano che si tratta di una brutta forma di candida, infezione che, grazie a una terapia tempestiva, si risolve nel giro di pochi giorni.

La cosa che però allarma tutti non è tanto la candida quanto il fatto che nel sangue del paziente le cellule addette a combattere le infezioni, i globuli bianchi, sono pochissime. Nemmeno avvalendosi delle indagini più approfondite Gottlieb riesce a capirne il motivo. Il ragazzo nel giro di pochi giorni migliora e viene dimesso dall'ospedale. Ma l'enigma rimane aperto. Non passa nemmeno una settimana e il giovane si ripresenta al pronto soccorso lamentando una fortissima stanchezza e un angosciante senso di mancanza d'aria. Inoltre ha una brutta tosse, la febbre alta e in pochi giorni ha perso diversi chili. Si pensa a una classica polmonite, ma non lo è: gli esami rivelano che si tratta di una pneumocistosi, una malattia dovuta a un parassita che si presenta esclusivamente nei soggetti immunodepressi, privi di difese immunitarie. È così rara da verificarsi solo nei trapiantati d'organo (che quindi devono sottoporsi a terapie che abbassano molto le difese) oppure in bambini colpiti da gravi difetti genetici che impediscono al sistema immunitario di lavorare bene.

Nello stesso periodo Joel Weisman è in servizio nel suo ambulatorio di medicina generale. È omosessuale e questo fa sì che molti gay si facciano curare da lui: non si sentono giudicati. Una mattina arriva in studio un giovane parrucchiere omosessuale che fino a quel momento aveva goduto di ottima salute. Il ragazzo presenta un'infezione della cute e delle unghie, qualcosa che Weisman non ha mai visto prima. Non capisce assolutamente cosa possa essere. Decide, così, di chiedere aiuto al dottor Gottlieb e il parrucchiere viene ricoverato. Nel giro di pochi giorni le condizioni cliniche si aggravano, compaiono tosse e febbre e si capisce che anche questa è una forma di pneumocistosi. Nello stesso tempo arrivano altri tre casi. Sembra una vera e propria epidemia e, soprattutto, nulla pare promettere bene.

Gottlieb telefona ad Arnold Reiman, direttore della

rivista scientifica «New England Journal of Medicine», la più prestigiosa degli Stati Uniti. Vuole raccontare quello che gli sta capitando in modo che tutti i suoi colleghi possano essere informati e possano comunicare eventuali casi simili. Reiman rifiuta e gli consiglia di rivolgersi al Centro per il Controllo delle Malattie (CDC) di Atlanta. Così, il 5 giugno 1981, i pazienti di Gottlieb finiscono sul Rapporto settimanale di mortalità e morbilità del CDC. È il primo segno dell'epidemia che sconvolgerà il mondo per molti anni.

Allo stesso tempo qualcosa sta succedendo dall'altra parte degli Stati Uniti, a New York. Ci sono casi molto strani di ragazzi omosessuali che si ammalano, simili a quello di un attore di Broadway che si riempie di lesioni cutanee violacee molto estese. Gli creano anche difficoltà sul lavoro, per andare in scena l'apparenza è importante e le macchie sono molto visibili nonostante tenti di nasconderle con il trucco. Un medico particolarmente esperto riconosce il sarcoma di Kaposi, un tumore della pelle che, come la pneumocistosi, non si manifesta mai nei soggetti giovani che non hanno deficit di difese immunitarie. Anche l'attore di Broadway è immunodepresso e questi casi, a loro volta, finiscono presto sul bollettino del CDC di Atlanta, che esce con il titolo *Kaposi e pneumocistosi negli omosessuali maschi – New York e California*. L'allarme si scatena. Come mai quei pazienti omosessuali hanno il sistema immunitario completamente distrutto?

Questi casi sono seguiti da molti altri, non solo negli Stati Uniti, e nel giro di pochissimi mesi è evidente a tutti che è scoppiata un'epidemia di una malattia gravissima. Siamo distanti secoli dalla peste nera, ma i peggiori istinti si sprigionano di nuovo: c'è chi comincia ad affermare che questo flagello è in realtà una punizione per gli omosessuali che si lasciano cadere nella tentazione umana del vizio e dell'amore fisico. Ma ben presto i ricercatori capiscono che la nuova malattia che sta iniziando a terrorizzare il mondo non è legata all'omosessualità e agli orientamenti sessuali. Può colpire tutti.

La prima conferma arriva da Denver, in Colorado: un uomo borghese di 59 anni, non omosessuale né tossicodipendente né tanto meno frequentatore delle famose *bath houses*, è colpito dalla stessa forma di pneumocistosi e le difese del suo organismo sono a terra. Questo mette in crisi tutti, le categorie di rischio individuate a quanto pare non c'entrano nulla. Basta poco per rendersi conto che l'uomo appartiene a un gruppo di circa ventimila americani che soffrono di una malattia del sangue, l'emofilia, per la quale è necessario sottoporsi a periodiche trasfusioni di plasma, la parte del sangue che contiene i fattori che gli permettono la coagulazione e che a questi pazienti, a causa della malattia, mancano. In altre parole, questi individui, per vivere, sono obbligati a ricevere trasfusioni che provengono da molti donatori diversi. Il sangue è controllato, ma non per un virus di cui ancora non si conosce l'esistenza, che riesce a contaminarlo.

Ci si rende presto conto che questo caso è seguito da molti altri collegati alle trasfusioni, anche da quello di uno sventurato bambino di pochi mesi. Sua madre non è una tossicodipendente e nemmeno una prostituta, ma quando lo ha messo al mondo ha avuto delle complicazioni. È stato quindi necessario ricorrere al parto cesareo e il bambino, nei primi mesi di vita, ha avuto bisogno di molte trasfusioni. Ben presto si scopre che una delle persone che ha donato il sangue utilizzato per le trasfusioni del piccolo sta male ed è ricoverata per una polmonite infettiva. Ma non una polmonite qualunque: si tratta sempre della stessa maledetta forma di pneumocistosi che sta colpendo, senza alcuna discriminazione, la popolazione degli Stati Uniti e del mondo. In questi anni il pericolo derivante dalle trasfusioni di sangue è enorme, non c'è modo di diagnosticare l'infezione e ogni sacca trasfusa è un giro di roulette russa. Lo scrittore di fantascienza Isaac Asimov, il tennista statunitense Arthur Ashe ed Elizabeth Glaser, moglie dell'attore Paul Michael Glaser, protagonista della famosa serie televisiva *Starsky & Hutch*, muoiono proprio in questo modo.

Il terrore della malattia si diffonde e il nome AIDS risuona in tutto il mondo come una maledizione. La diagnosi non dà speranza, l'infezione ogni giorno colpisce un numero sempre maggiore di vittime e l'esame del sangue che dimostra l'avvenuta infezione, quando è positivo, significa morte certa. Come un fulmine a ciel sereno, la parola «sieropositivo» entra nella vita di una persona e la sconvolge, etichettandola in maniera definitiva e atroce. I malati di AIDS sono condannati a una condizione di emarginazione e discriminazione terribile. Nemmeno gli ospedali li vogliono ricoverare perché anche i medici e gli infermieri hanno paura di una possibile contaminazione. Le poche cliniche che decidono di accoglierli finiscono sulle pagine della stampa per le tragiche condizioni nelle quali vengono lasciati i pazienti. Si parla di pasti abbandonati sul pavimento fuori dalla porta per azzerare la possibilità di un contatto, anche visivo, con i malati di AIDS.

Il mondo è in confusione e la paura dilaga, c'è chi arriva addirittura a pensare che sia sufficiente la minima interazione sociale per trasmettere la malattia. I medici sono in difficoltà nel comunicare la diagnosi ai propri pazienti, spesso giovani, che all'udire la parola «AIDS» entrano in una disperazione profonda. Molti di loro hanno già visto morire familiari o amici e sono perfettamente consapevoli del fatto che la loro sorte è segnata. Ogni giorno l'epidemia avanza e tutte le statistiche dicono che la situazione, già critica, peggiorerà sempre più velocemente.

In poco tempo, in questi terribili anni Ottanta iniziati con la spada di Damocle di una nuova malattia mortale sulla testa, molti ricercatori cominciano a convincersi che l'AIDS possa essere causato da un virus.

È il 1983 e all'Istituto Pasteur di Parigi il virologo Luc Montagnier, direttore del laboratorio di oncologia virale, uno dei massimi esperti francesi in questo campo, inizia a riflettere sul problema. In America, invece, a occuparsene è il celebre scienziato di origine italiana Robert Gallo, direttore del Laboratory of Tumor Cell Biology dell'Istituto Nazionale del Cancro di Bethesda, centro di eccellenza assoluta e luogo che vanta una delle maggiori concentrazioni di genio e di intelligenza al mondo.

Entrambi sono convinti che l'AIDS possa essere causato da un virus simile a quelli che stanno studiando da anni ed entrano in un'accesa competizione con un unico obiettivo: individuare il responsabile dell'epidemia di AIDS che sta terrorizzando l'intera popolazione mondiale. Luc Montagnier è il primo a riuscire nell'impresa: dopo mesi di ricerche ininterrotte, nel maggio 1983 l'istituto francese comunica l'isolamento di un nuovo virus che potrebbe essere quello che causa la malattia. Nel 1984 anche il laboratorio diretto da Robert Gallo annuncia di essere riuscito a isolare il virus e pubblica sulla prestigiosa rivista «Nature» i suoi risultati.

Gallo e Montagnier iniziano una vera e propria battaglia, in cui il primo, decisamente più famoso del secondo, appoggiato da tutti i politici, dalla stampa e dalla comunità scientifica americana, sostiene di aver isolato per primo il virus responsabile dell'AIDS, che a suo giudizio è diverso da quello francese. Il «New York Times» fa uscire la notizia della scoperta americana, il presidente degli Stati Uniti Ronald Reagan annuncia che Robert Gallo ha scoperto l'agente responsabile dell'AIDS, e innumerevoli riviste scientifiche fra le più prestigiose al mondo gridano a gran voce la notizia attribuendo tutti i meriti alla squadra americana. La rivalità è fortissima, entrambi sanno bene che è un risultato che rimarrà nella storia aprendo nuove linee di ricerca e di sperimentazione per trovare la terapia a un male che sta uccidendo milioni di persone.

La competizione si chiude con risultati che non lasciano spazio a dubbi. Il virus americano è lo stesso isolato dai francesi. In realtà la storia si rivelerà molto più complicata e molto poco edificante. Gallo ne uscirà male, visto che sarà dimostrato un suo comportamento non proprio impeccabile nei confronti dei colleghi francesi. Questo gli costerà il premio Nobel, che verrà assegnato a Montagnier (e alla sua collaboratrice Françoise Barré-Sinoussi) nel 2008. Ma alla fine il celebre virologo francese finirà ancora peggio in un triste tramonto scientifico tra antivaccinismo e omeopatia.

Le rivalità, gli sgambetti e le scorrettezze sono però secondari rispetto al fatto che adesso si conosce l'agente patogeno che causa la malattia e ci si può finalmente concentrare sullo studio di tutti i meccanismi con cui questo virus attacca i globuli bianchi delle persone infette. Si può diagnosticare l'infezione e si possono cominciare a cercare vaccini e farmaci. In uno dei momenti più terribili della storia delle epidemie, mentre le persone muoiono come mosche e sembra non esserci via d'uscita da un'apocalisse che sta affliggendo il mondo intero, si aprono le porte alla speranza di trovare una terapia che metta fine a questo male tremendo.

Grazie all'isolamento del virus si riesce presto a far chiarezza sulle sue caratteristiche e sulle modalità di trasmissione. Si era capito quasi subito, dopo i primi casi del dottor Gottlieb, che la trasmissione del virus HIV può avvenire in tre modi: attraverso il sangue, quindi con l'uso di siringhe infette o con le trasfusioni; attraverso i rapporti sessuali, sia omosessuali che eterosessuali ma con maggiore efficienza nel caso di rapporti tra uomini; e poi dalla madre al bambino, durante la gravidanza o con il latte materno. Insomma, il virus non ha scelto il modo più efficiente per trasmettersi da un individuo all'altro. Basti pensare al virus dell'influenza, che con un solo starnuto di un malato riesce a infettare altre persone. Per l'HIV questo non avviene e per l'infezione è richiesto un contatto strettissimo.

Così, come abbiamo detto prima, l'HIV non dà alcun segno di sé durante le prime fasi della malattia. Una persona che ha contratto l'infezione da HIV può presentare ottime condizioni di salute anche per moltissimi anni. Ma ciò non significa che il virus non ci sia, anzi: il virus si moltiplica a più non posso e molto lentamente uccide le cellule del sangue adibite alla difesa dell'organismo mentre lascia il paziente infettivo. Non dando alcun segno di sé le persone, inconsapevoli del loro stato di sieropositività, possono trasmettere il virus ad altri e questo è il motivo per cui l'epidemia ha raggiunto dimensioni planetarie.

Il primo farmaco che apre qualche speranza è l'AZT o zidovudina, una sostanza che era già stata utilizzata, senza grandi risultati, negli anni Sessanta come farmaco antitumorale. Dopo le prime somministrazioni che sembrano permettere qualche spiraglio di ottimismo, la sperimentazione parte a tempo di record. I primi pazienti a cui viene somministrato l'AZT stanno meglio, riprendono qualche chilo, la febbre si abbassa e addirittura nel sangue di molti soggetti non c'è più alcuna traccia del virus. I ricercatori sono entusiasti per gli importanti risultati, dopo tante vittime hanno trovato il modo di fare uno sgambetto al virus e finalmente trionfare su quella maledizione che si stava scagliando su milioni di persone in tutto il mondo. Ma per quanto la tentazione di immettere il prodotto sul mercato sia forte, come si può essere certi che a lungo andare questa terapia non abbia degli effetti collaterali devastanti? E come si può sapere se l'effetto positivo è davvero duraturo?

Era già successo pochi mesi prima: all'Istituto Pasteur di Parigi i medici avevano riposto enormi speranze su un farmaco che presto si era rivelato inutile. Sembrava così miracoloso e con così pochi effetti collaterali che il dottor Gottlieb aveva deciso addirittura di mandare a Parigi, all'American Hospital, uno dei suoi più celebri pazienti, la stella hollywoodiana Rock Hudson, che aveva scoperto di essere malato di AIDS nell'estate del 1984. Il farmaco si chiamava HPA-23 e dopo un solo ciclo di terapia Hudson si è sentito così bene da tornare perfino sul set della serie televisiva *Dynasty*. Ma il miglioramento è effimero e nonostante un secondo ciclo di HPA-23 Rock Hudson muore.

Ma questa volta, con l'AZT, i risultati sembrano davvero promettenti. Talmente promettenti da far spargere in un attimo la voce dell'esistenza di una medicina capace di frenare l'epidemia del male del secolo. In pochi giorni, però, si grida allo scandalo e ci si chiede come sia possibile che, nonostante esista un farmaco così efficace, si continuino a vedere innumerevoli persone strappate crudelmente alla vita dall'AIDS. I malati, consapevoli di poter morire prima dell'immissione in commercio del tanto atteso medicinale, si fanno prendere dalla disperazione e tentano in tutti i modi di trovare strade alternative per curarsi.

Sono in tanti quelli che seguono l'esempio di Rock Hudson e tentano le cure in altri Paesi, come anche quelli che provano ad andare in Messico nella speranza di trovare i farmaci che in America non sono ancora stati autorizzati. Nascono come funghi anche laboratori clandestini, che negli Stati Uniti propinano ai malati afflitti e tormentati dal terrore della morte le sostanze più stravaganti. Uno dei composti più in voga è il cosiddetto «composto Q», distribuito senza la minima preoccupazione di quali possano essere gli effetti collaterali, che presto si rivelano devastanti. Si sta consumando una tragedia nella tragedia. Finalmente l'11 settembre 1986 viene dichiarata conclusa la sperimentazione dell'AZT, che da adesso in poi potrà essere distribuita a tutti i malati di AIDS.

Purtroppo, però, basta poco per rendersi conto che un solo farmaco non è sufficiente. Come sappiamo, i virus sanno mutare molto facilmente e ben presto l'HIV sviluppa mutazioni che gli consentono di sfuggire a questo farmaco. Ma la ricerca non si ferma: ormai si conosce il virus nei minimi dettagli, si sa perfettamente quali sono i meccanismi che gli sono indispensabili per replicarsi efficientemente e si cominciano a sviluppare farmaci capaci di bloccarlo senza fare male al paziente. A questo punto non si usa più un solo farmaco: al paziente viene somministrata una miscela di più farmaci, ognuno in grado di colpire una struttura diversa del virus.

L'HIV però non si arrende. Muta e diventa resistente anche a questi nuovi composti, ma ogni volta che sviluppa una resistenza deve pagare un prezzo: le sue proteine modificate dalle mutazioni in modo da sfuggire all'effetto dei farmaci sono meno efficienti di quelle originali, così il virus diventa sì resistente ai medicinali, ma si replica meno velocemente. E se si replica meno muta di meno, perché è la replicazione che genera le mutazioni. Come risultato finale, può sfuggire con maggiore difficoltà ai farmaci. Un circolo virtuoso per il paziente, e vizioso per il virus. È la vittoria della scienza contro questa terribile malattia. La mortalità cade in picchiata, si riduce del 75%. Per una malattia che fino a poco prima significava morte certa, questo è un miracolo. Forse uno dei miracoli più sconcertanti e meravigliosi che la medicina abbia mai fatto.

All'inizio degli anni Novanta, in America, l'AIDS era la principale causa di morte nei giovani. Oggi, invece, i progressi della scienza hanno salvato milioni e milioni di vite, strappandole alla sofferenza. E non solo si muore infinitamente meno. Essere sieropositivi, da quando c'è una terapia efficace, permette di avere una vita e un'aspettativa di vita uguale (o quasi) alle persone non sieropositive.

I passi fatti sono così grandi che si parla di porre fine all'epidemia di HIV. Bisogna fare in modo che il contagio non avvenga più e che chi è contagiato innanzitutto lo sappia (sottoponendosi al test) e poi inizi tempestivamente la terapia. I farmaci antivirali, infatti, non solo permettono di bloccare la replicazione del virus all'interno dei globuli bianchi, ma ne rendono anche impossibile la trasmissione alle altre persone. Praticamente un trionfo, ma non basta.

Infatti i farmaci a nostra disposizione hanno ancora dei limiti: prima di tutto bloccano efficientemente il virus impedendogli la replicazione, ma non riescono a eliminarlo. I pazienti devono quindi sottoporsi alla terapia per tutta la vita (cosa scomoda e costosa) e chi smette di assumere i farmaci quasi certamente si ammala e muore di AIDS. Bisognerebbe quindi riuscire a eliminare del tutto il virus dalle persone infettate, ma non è per niente facile in quanto l'HIV ha la capacità di integrarsi nel

DNA dell'ospite rimanendo nascosto e rendendo difficile la sua eradicazione. Ci sono scienziati che tentano con successo di riattivare il virus latente in modo tale da renderlo «visibile» e quindi vulnerabile al sistema immunitario e a farmaci antivirali che poi possano eliminarlo definitivamente. Speriamo che ci riescano.

Però la vera vittoria, quella definitiva, consisterebbe in un vaccino. In molti Paesi, soprattutto in quelli più poveri, ancora tantissime persone vengono colpite da questo virus. Purtroppo però, nonostante gli sforzi, ancora il vaccino non l'abbiamo. L'HIV è un nemico particolarmente insidioso e riesce con successo a sfuggire alla risposta immunitaria che noi tentiamo di suscitare contro di lui. Ma nessuno desiste, nuove strategie vengono messe a punto e le speranze di far fuori definitivamente questo virus, come abbiamo già fatto con il vaiolo, sono concrete. Un particolare orgoglio è per me sapere che in prima linea in questa battaglia all'ultimo sangue c'è Guido Silvestri, un amico carissimo con il quale condivido l'età e le origini marchigiane.

L'HIV è alle corde, possiamo farlo sparire, ci siamo quasi. È arrivato davvero il momento di vincere. Con la ricerca e con la prevenzione possiamo fargli fare la fine del vaiolo. Sicuramente non ci mancherà.

10

Sorpresi dalla SARS

Zhou Zuofeng è un omone di 46 anni. È il miglior periodo dell'anno per fare affari nel mercato di Guangzhou (la città cinese che una volta chiamavamo Canton), dove lui ha un chiosco per vendere pesce e frutti di mare. Il 1° febbraio 2003 inizia la Festa di Primavera, quella che noi chiamiamo Capodanno cinese. Un periodo che durerà quindici giorni per l'inizio dell'anno della Capra. I suoi connazionali, durante il Capodanno, non badano a spese per i banchetti in famiglia e con gli amici. Zhou non è solito perdere giornate di lavoro: chiudere la sua bancarella proprio in quel periodo non gli va giù. Ma ha la febbre ormai da un po' e adesso sta davvero male. Suo malgrado deve andare a farsi visitare e il Secondo ospedale affiliato all'Università di Guangzhou è il più vicino da raggiungere.

È il 30 gennaio 2003. Quando arriva in ospedale si regge a stento in piedi e la tosse gli toglie il respiro. I medici lo terranno in osservazione per diciotto ore, prima di rendersi conto che le sue condizioni si stanno aggravando così rapidamente che si rende assolutamente necessario trasferirlo al Terzo ospedale affiliato, dove hanno la possibilità di trattare i pazienti più gravi. Quando l'ambulanza lo consegna ai sanitari del pronto soccorso del Terzo ospedale, Zhou è ormai delirante e tossisce di continuo. Per poterlo tenere fermo ci vogliono quattro fra medici e infermieri, mentre il rianimatore cerca invano di inserire nella sua gola il tubo per la respirazione assistita. Zhou riesce a strappare diverse volte il tubo dalle mani del medico nonostante la sedazione e continua a tossire spargendo per tutta la sala, sui macchinari e sugli indumenti dei sanitari, un denso muco misto a sangue. Sono momenti interminabili, ma alla fine i medici riescono a intubare il paziente, a liberare le sue vie respiratorie dal muco e a stabilizzarlo. Zhou progressivamente migliorerà e sarà trasferito all'Ottavo ospedale del popolo di Guangzhou.

Zhou Zuofeng, corpulento commerciante di pesce al mercato di Guangzhou, non può immaginare che sarebbe passato alla storia come «The Poison King», il Re Veleno. È sopravvissuto all'infezione dal terribile virus causa della SARS, la Severe Acute Respiratory Syndrome, una grave forma di polmonite che fra il 2002 e il 2003 infetta più di 8000 persone in 17 Paesi del mondo, uccidendone 774. Ma durante il suo percorso attraverso i tre ospedali di Guangzhou, Zhou, il Re Veleno, ha infettato un numero impressionante di persone, fra operatori sanitari e pazienti entrati in contatto con lui. Nelle diciotto ore che ha trascorso nel Secondo ospedale affiliato ha contagiato 28 operatori sanitari; nel Terzo le vittime sono 23 fra medici e infermieri e 18 pazienti. Durante l'ultimo ricovero presso l'Ottavo ospedale del popolo infetta altri 20 operatori sanitari. Fan Xinde, autista dell'ambulanza che aveva trasportato Zhou Zuofeng da un ospedale all'altro, è il primo operatore sanitario che muore di SARS.

Il lungo strascico di malattia e morte lasciato da Zhou mostra al mondo intero il tremendo potenziale rappresentato in un'epidemia dai cosiddetti *super-spreaders*, ovvero i «super-diffusori». Un *super-spreader* è un soggetto che, sia per caratteristiche personali (elimina all'esterno cariche infettanti alte) sia per le vicende che lo mettono in contatto con molti soggetti durante il periodo di contagiosità, causa numerosissimi casi secondari. Per questo motivo si preferisce parlare di «eventi» *super-spreader*, piuttosto che di «individui» *super-spreader*. Un individuo che elimina elevate cariche virali ma rimane chiuso in casa, ovviamente, non causerà alcun evento *super-spreader*.

Zhou Zuofeng non è l'unico *super-spreader* nella storia della SARS e sarà proprio a causa di eventi come questo che il virus attraverserà i confini della Cina e farà meritare alla SARS l'appellativo di peste del XXI secolo.

Liu Jianlun è un professore di nefrologia di 64 anni e lavora nell'ospedale universitario Sun Yat-sen, sempre a Guangzhou. Il 21 febbraio 2003 ha fretta di uscire dal lavoro. Deve correre a casa e recuperare la moglie per poi raggiungere Hong Kong dove sta per sposarsi il nipote. È dal 15 del mese che non si sente tanto bene, ma ha continuato a lavorare prendendo antifebbrili e antibiotici. E poi, non può mancare alle nozze del nipote, quindi un ultimo antibiotico e via, verso Hong Kong.

Il professor Liu e sua moglie, una volta arrivati a Hong Kong, raggiungono il Metropole Hotel, dove avevano prenotato la stanza 911, al nono piano dell'albergo. La notte del 22 febbraio il professor Liu si sente davvero male e la mattina dopo è costretto a raggiungere l'ospedale più vicino, il Kwong Wah Hospital.

Nel 1997 Hong Kong era passata dalla sovranità britannica di epoca coloniale allo stato di regione ad amministrazione speciale dipendente dalla Repubblica Popolare della Cina. Il Guangdong, di cui Guangzhou è il capoluogo, è la provincia cinese con cui Hong Kong ha il maggior numero di rapporti commerciali e culturali e con cui condivide il confine. Nonostante questo, lo scambio di informazioni fra Hong Kong e la Cina continentale non è mai stato facile. E continua a essere assai limitato da sospetti e infinite barriere burocratiche, anche ora che l'ex colonia è ufficialmente una regione della Cina a statuto speciale. Fatto sta che a Hong Kong poche settimane prima erano trapelate voci su questa misteriosa polmonite, ma nessuna informazione ufficiale era giunta da parte delle autorità cinesi.

I medici che visitano il professor Liu lo mettono comunque in isolamento. Un serio avvertimento sulla pericolosità della malattia arriva subito dopo. Lo stesso giorno in cui Liu viene ricoverato, Zhan Wenhua, il sovrintendente dell'ospedale dove lavora il professore di nefrologia, raggiunge in tutta fretta Hong Kong per sincerarsi di come stia il collega. È proprio allora, vedendo le gravi condizioni in cui si trova il professor Liu, che Zhan Wenhua si rivolge con franchezza ai colleghi di Hong Kong: «Fate attenzione, è una malattia estremamente contagiosa e né io né nessun altro nel Guangdong abbiamo la minima idea di cosa si tratti». Immediatamente un'infermiera del reparto contatta la moglie di Liu per controllare il suo stato di salute. Sia la moglie sia il cognato di Liu hanno già la febbre. Vengono subito ricoverati nello stesso ospedale in isolamento stretto. Liu morirà di lì a poco. È stato più sfortunato di Zhou Zuofeng, ma come Zhou passerà alla storia come un altro *super-spreader*. E questa volta le conseguenze avranno una rilevanza mondiale.

Fra la sera del 22 e il mattino del 23 febbraio, infatti, qualcosa di impensabile avviene nel corridoio al nono piano del Metropole Hotel di Hong Kong e più precisamente nello spazio di venti metri che separa la stanza 911, dove alloggiano i coniugi Liu, dagli ascensori. Qualcosa che significherà morte e sofferenza per tanti che, dal Canada a Singapore, incontreranno di lì a poco il terribile virus. Il virus della SARS, infatti, si diffonde nello spazio angusto di quel corridoio, ma riuscirà a farsi trasportare a migliaia di chilometri di distanza da ignari portatori. A differenza della Cina continentale, che solo da pochi anni si è aperta alla globalizzazione e ai rapporti internazionali, Hong Kong è una città cosmopolita, centro di scambi commerciali, culturali e turistici con tutti i continenti. E il Metropole Hotel è soltanto uno dei tantissimi alberghi d'affari di cui Hong Kong è disseminata.

Quella notte, in quel corridoio, il virus della SARS fa alcuni incontri fatali, diventando definitivamente una minaccia mondiale: alloggiano lì accanto Kwan Suichu e consorte, due anziani coniugi residenti a Toronto, in Canada, che erano a Hong Kong in visita dal figlio per le festività del Capodanno; proprio di fronte alla stanza 911 dorme Johnny Cheng, manager di un'azienda di New York, che il giorno dopo partirà per Hanoi, Vietnam; alla fine del corridoio soggiorna Esther Mok, una ex hostess di Singapore, a Hong Kong insieme a due amiche per fare shopping. In tutto, ben 13 casi di infezione si sviluppano intorno al corridoio del nono piano del Metropole Hotel, con casi secondari che si diffonderanno in Canada, Singapore, Vietnam, Thailandia, Stati Uniti e Germania. Il virus aveva trovato un mezzo di trasporto efficacissimo per disperdersi velocemente in ogni continente: i voli internazionali.

Il volo CA112, operato da Air China da Hong Kong a Pechino il 15 marzo 2003, prende a bordo un anziano signore che era stato a Hong Kong per andare a trovare la nipote ricoverata all'ospedale Prince of Wales. Salito a bordo, avverte i chiari sintomi della malattia. Ma è troppo tardi: dal posto 14E dove è seduto, nel corso di un volo della durata di poco più di tre ore, contagia 21 persone fra passeggeri ed equipaggio. Alcuni passeggeri erano seduti a sette file di distanza. Due hostess del volo si ammalano: saranno loro a introdurre il virus in Mongolia, loro Paese natio. Quattro impiegati di una ditta di Taipei scopriranno di essere stati contagiati dopo essere tornati al loro lavoro a Taiwan. Una donna porterà il virus a casa sua a Singapore. Un passeggero era un impiegato del ministero del Commercio cinese che di lì a poco avrebbe preso una coincidenza per Bangkok, Thailandia. Di ritorno a Pechino siederà accanto a Pekka Aro, rappresentante finlandese della International Labour Organisation, in Oriente per la preparazione di un'importante conferenza. Pekka Aro si ammalerà il 28 marzo e morirà per SARS il 6 aprile. Sarà il primo straniero a morire di SARS in Cina.

Ma il virus trova il complice più formidabile proprio nelle autorità cinesi. O meglio, nel misto di impreparazione e ossessione per la segretezza con cui gestiscono l'intera vicenda. È l'inizio di febbraio del 2003 e un sms circola fra i cittadini di Guangzhou: «Il Terzo ospedale affiliato è chiuso, oltre 100 persone sono state contagiate da una misteriosa malattia e 44 sono morte». L'effetto principale che ha questa notizia è di far balzare alle stelle il prezzo dell'aceto. Sì, proprio l'aceto: secondo una credenza della medicina tradizionale cinese, i vapori dell'aceto bollito sarebbero efficaci per prevenire le infezioni respiratorie. Una bottiglia di aceto, che normalmente costa pochi yuan, viene venduta a 100 yuan. I due maggiori giornali di Guangzhou riportano la notizia di una «misteriosa malattia» che si sta diffondendo in città. Immediatamente, l'8 febbraio, il dipartimento della Propaganda invia una nota ai giornalisti vietando di diffondere notizie che possano provocare panico e disordine.

I giornali della provincia del Guangdong, però, non demordono e iniziano a mandare inviati negli ospedali per interrogare medici e infermieri e raccogliere notizie su quello che sta succedendo. Il 10 febbraio un nuovo dispaccio del dipartimento della Propaganda proibisce ai giornalisti di intervistare medici e pazienti sulla malattia e il 12 febbraio il divieto si estende a tutte le notizie che riportino episodi di panico della popolazione, che intanto sta facendo incetta di cibo, mascherine e medicine. Mentre la stretta della censura aumenta, i giornalisti hanno intenzione di pubblicare ugualmente le notizie, visto che l'interesse da parte del pubblico è naturalmente altissimo. D'altra parte i medici sono molto ansiosi di far sapere in giro sotto quale livello di stress, di pressione e di pericolo personale sono costretti a operare, nel silenzio totale delle autorità. I giornali allora trovano degli escamotage per far trapelare le notizie senza incorrere nella mannaia della censura. Poiché non è possibile dare notizie sulla malattia o sugli episodi di panico nella popolazione, il modo più utilizzato è quello di riportare che nella provincia del Guangdong «circolano voci» di una misteriosa malattia che sta paralizzando gli ospedali e sta creando il panico nella popolazione. Ogni notizia inizia con la frase: «La tipica versione di questa voce incontrollata dice che...» e ci racconta quel che è successo.

Il 10 febbraio inizia a circolare un altro sms in cui si parla chiaramente di una nuova forma grave di influenza e si informa che le scorte di Tamiflu (un antivirale utilizzato appunto contro l'influenza) sono esaurite. Queste notizie anonime cominciano a filtrare anche fuori dalla Cina. Il responsabile locale dell'ufficio dell'Organizzazione Mondiale della Sanità (OMS) a Manila, nelle Filippine, dove si trova uno dei laboratori di riferimento internazionale per la sorveglianza dei virus influenzali, intercetta l'sms in cui si parla di un possibile nuovo virus influenzale e invia una richiesta di chiarimenti a Pechino. Sarà una delle innumerevoli richieste di informazioni che rimarranno senza risposta. Nel corso dell'epidemia, questa assurda chiusura e difficoltà a diramare preziose notizie sull'entità e modalità del contagio avrà effetti addirittura sullo stesso governo centrale. La riluttanza a parlare di epidemia e a mostrare la gravità della situazione infatti porterà i rappresentanti provinciali del Guangdong a nascondere informazioni perfino a Pechino.

In Cina, è un problema parlare di malattie, che rappresentano «notizie negative» per una nazione tutta orientata alla crescita e al destino di potenza economica mondiale. A questo si aggiunge il fatto che il sistema sanitario cinese è fortemente delocalizzato e perfino il Politburo centrale di Pechino ha poco potere sugli uffici regionali e locali. Infine, i responsabili sanitari del Guangdong hanno il terrore di poter essere accusati di inettitudine nella gestione di un'epidemia, cosa che potrebbe significare la perdita del lavoro o anche peggio. Fatto sta che l'OMS è tenuta accuratamente all'oscuro di tutto, fino a quando il virus non valica platealmente i confini della Cina. E a farne le spese è un nostro collega italiano.

Carlo Urbani è un medico marchigiano di 46 anni, specialista in malattie infettive e appassionato di medicina tropicale. Grazie alle sue conoscenze e alle sue numerose esperienze di volontariato svolte anche per conto di Medici senza Frontiere, nel 1993 diviene consulente dell'OMS. Il 28 febbraio 2003 Carlo si trova ad Hanoi come specialista di malattie infettive presso il locale ufficio dell'OMS. In questa veste riceve una telefonata dall'Ospedale francese: due giorni prima, il 26 febbraio, avevano ricoverato un paziente cino-americano, Johnny Cheng, che presentava i segni di una brutta forma di polmonite atipica. Il paziente peggiorava rapidamente e aveva raccontato ai medici del suo precedente soggiorno a Hong Kong.

Carlo visita il paziente e mette insieme i pezzi del puzzle. Chiama immediatamente Ginevra, il quartier generale dell'OMS. Da quando il paziente è arrivato nell'ospedale di Hanoi, nel giro di una settimana quattordici persone fra medici e infermieri si ammalano della stessa forma di polmonite. Immediatamente Ginevra allerta il centro di riferimento per i virus respiratori di Manila, nelle Filippine, e raccoglie tutte le informazioni utili da Hong Kong. Nel frattempo, il Canada evidenzia il focolaio di polmonite, partito nel grande Paese nordamericano subito dopo l'arrivo del paziente che aveva soggiornato nel famigerato corridoio del Metropole Hotel. Insomma, grazie all'allarme lanciato da Carlo Urbani la comunità internazionale si allerta e parte la caccia al virus, nel tentativo di contenere l'epidemia. Purtroppo, il gesto di Carlo Urbani passerà alla storia come un atto eroico, perché lui stesso contrarrà il virus e morirà di SARS a Bangkok il 29 marzo 2003.

L'identificazione del colpevole, abbiamo visto, è fondamentale per mettere in atto le misure di contenimento di un'epidemia. Senza conoscere il responsabile, non possono essere messi a punto né test diagnostici né vaccini e quindi il virus è libero di circolare senza essere identificato.

Si comincia, ovviamente, a cercare fra gli agenti noti di polmonite atipica, ovvero quella forma di polmonite che non è causata dal batterio pneumococco. La polmonite atipica può essere causata da diversi virus e batteri, primi fra tutti i virus influenzali. Le ricerche iniziali si concentrano proprio in quella direzione, anche perché in quella zona, anni prima, erano stati segnalati ceppi di virus influenzali di origine animale che avevano causato infezioni gravi nell'uomo. Ma la svolta avviene quando il CDC cinese, il centro di ricerca più importante nel Paese, comunica che il probabile agente che causa la polmonite atipica è un batterio della famiglia delle clamidie, la *Chlamydia pneumoniae*. La *Chlamydia pneumoniae* è conosciuta da tempo come possibile causa di polmonite atipica, ed effettivamente su alcuni pazienti affetti dalla misteriosa polmonite era stata accertata la sua presenza.

Eppure fra i medici del Guangdong questa notizia viene accolta con freddezza e un certo scetticismo. Lo scetticismo deriva dal fatto che fin dal primo paziente sono stati utilizzati tutti gli antibiotici disponibili, inclusi quelli attivi sulle clamidie, senza ottenere alcun risultato positivo. Ma in questo frangente si innesca un meccanismo perverso: lo stesso Zhong Nanshan, membro dell'Accademia delle Scienze e dal primo momento in prima fila nella lotta al virus, pur essendo fermamente convinto che si tratti di un virus sconosciuto e non di un batterio, non osa schierarsi pubblicamente contro l'opinione del CDC di Pechino. L'eminenza contro l'evidenza. Purtroppo, nella scienza questo errore si paga: le scelte devono essere dettate solo e sempre dalle prove scientifiche. Anche i più autorevoli scienziati possono sbagliare, ma accettare che un autorevole membro del Centro per il Controllo delle Malattie di Pechino probabilmente abbia sbagliato è difficile nella cultura e nel sistema politico cinese.

Questo errore ritarda moltissimo gli studi sul virus, sembra addirittura che un gruppo di ricerca di Guangzhou avesse di fatto isolato il virus a fine febbraio, ma senza rendere pubblici i risultati, per «rispetto» nei confronti di Pechino! Resta il fatto che identificare un virus sconosciuto non è un lavoro semplice. È necessario avere un campione di tessuto infetto, trovare il substrato giusto su cui far sviluppare il virus (in questo caso cellule viventi) e, se cresce qualcosa, verificare se quel virus è effettivamente la causa della malattia. Un lavoro lungo e certosino che richiede molte competenze scientifiche e un elevatissimo livello di manualità. Appena la SARS compare al di fuori della Cina, i migliori laboratori del mondo si mettono a caccia. Ma Hong Kong, oltre al discutibile privilegio della precocità dei casi, ha un vero asso nella manica: Malik Peiris.

Peiris, nato in Sri Lanka nel 1949, si forma a Oxford e si mostra da subito un virologo di altissimo livello, studiando il virus dell'encefalite giapponese e dell'influenza. Per farvi capire il tipo, è un virologo all'antica: meticoloso, testardo e preciso come solo i grandi laboratoristi sanno essere. È convinto che per scoprire il colpevole occorra isolarlo e coltivarlo in laboratorio. E ha un team formidabile che si è formato alla sua scuola. Ma non è lui il solo a cercare il virus: altri grandi laboratori al mondo, dall'America all'Europa, che non hanno mai abboccato alla storia della clamidia, stanno seguendo le loro piste, e con metodi tutto sommato più moderni e tecnologie più avanzate rispetto al team di Peiris. Indirizzano subito le loro ricerche per scovare una nuova variante di virus ben noti per dare infezioni polmonari, come i paramixovirus e gli ortomixovirus, a cui appartengono sospetti illustri come il virus dell'influenza o il virus respiratorio sinciziale. E lo fanno con tecniche indirette che vanno a cercare piccole porzioni di materiale genetico o tracce di singole proteine del virus.

Sono metodiche molto sensibili e avanzate, ma il problema di questo approccio è che può funzionare solo se il virus che si cerca ha qualcosa in comune con quelli contenuti nelle banche dati dei laboratori mondiali. Invece Peiris non perde tempo: come un paziente giardiniere, semina il suo materiale e aspetta che cresca qualcosa. Qualsiasi cosa, poi si vedrà. In questo modo non ha bisogno di virus di riferimento, in teoria può scovarne anche uno comparso per la prima volta sulla faccia della terra. Ma come un abile giardiniere sa bene, un seme per crescere ha bisogno del terreno giusto. E non sappiamo in quale tipo di cellule riesca a moltiplicarsi questo killer sconosciuto.

Servono centinaia di tentativi su tutti i sistemi di coltura disponibili. Il 15 marzo un suo collaboratore vede per la prima volta delle macchie in un tubo di coltura in cui era stato seminato un estratto di tessuto polmonare prelevato da un paziente morto di SARS. Le macchie sono il segno che un virus sta compiendo il suo inesorabile lavoro di sopravvivenza ai danni delle cellule parassitate. Si sta moltiplicando attivamente distruggendo il tessuto infettato. È certamente un virus, è certamente proveniente dal polmone di un uomo morto di SARS, ma Peiris, prudente qual è, aspetta a cantare vittoria. Il virus cresciuto in quel terreno potrebbe essere anche un altro virus che per caso si trovava nel polmone del malcapitato. Non vuole ripetere l'errore dei suoi colleghi di Pechino che hanno subito dato la colpa alla clamidia, che era invece solo un ospite inopportuno ma non colpevole.

Servono altre prove. Deve per esempio vedere se questo virus è presente anche in altri pazienti malati di SARS. Usa allora il siero di questi pazienti, che è ricco di anticorpi, per vedere se bloccano il virus che lui ha coltivato. L'esperimento riesce. Il plasma dei pazienti inattiva il suo virus ancora senza nome. Ripete più volte l'esperimento e i risultati non lasciano spazio a dubbi. Ha il virus della SARS imprigionato in una provetta, dentro il suo laboratorio. Ma che virus è? Il mistero si svela appena riesce a mettere a punto un'immagine microscopica in cui sono evidenti le particelle virali che escono da cellule di polmone appena infettate. La fotografia al microscopio elettronico è chiara e la sorpresa è enorme: le particelle perfettamente rotonde presentano intorno alla propria membrana piccole protuberanze che la incorniciano come le punte di una corona.

È un coronavirus! Un virus appartenente a una famiglia poco conosciuta in medicina umana, ma ben nota ai veterinari. Mai si sarebbe pensato che il terribile killer che aveva causato la prima gravissima epidemia del XXI secolo fosse un coronavirus. Il colpevole era stato smascherato. Peiris e il suo gruppo pubblicheranno la loro scoperta sull'edizione online del «Lancet» l'8 aprile 2003. Due giorni in anticipo rispetto a un articolo a firma del gruppo dei CDC americani e a un secondo a firma di scienziati europei che avevano collaborato fra la Germania e l'Olanda. Questi due articoli pubblicati sul «New England Journal of Medicine» due giorni dopo suggelleranno il riconoscimento agli scienziati di Hong Kong come primi scopritori del «SARS coronavirus», come sarà battezzato il nuovo arrivato sulla scena dei patogeni umani.

Ma un mistero resta ancora da svelare: come era arrivato a Guangzhou un virus fino ad allora sconosciuto? Abbiamo già parlato di spillover. E questo coronavirus certamente era il risultato di un nuovo spillover. Ma dove si era originato? La ricerca della specie animale da cui è originato il virus è rocambolesca. Il primo paziente conosciuto affetto da SARS sembrerebbe essere un impiegato di Foshan, ammalatosi della terribile forma di polmonite il 16 novembre 2002. Guarirà dopo aver contagiato qualche membro della sua famiglia, ma, quel che è certo, non ha mai viaggiato al di fuori di Foshan. Il focolaio era dunque presente lì in quella zona del Guangdong a pochi minuti di macchina dalla ben più popolosa Guangzhou. Ed è nei mercati fra Foshan e Guangzhou che i ricercatori andranno a caccia del virus, armati di gabbie per comprare e portare in laboratorio animali di specie diversissime. Cercheranno infatti il segno lasciato dal SARS coronavirus negli animali infettati: la presenza di anticorpi specifici contro il nuovo virus, che vengono infatti trovati in diversi animali presenti in questi mercati.

A quel punto l'ospite più indiziato è lo zibetto, detto anche gatto-civetta, un piccolo mammifero selvatico che vive nelle foreste asiatiche. Forse è lui l'animale in cui il virus della SARS ha sviluppato, mutazione dietro mutazione, la sua capacità di fare il salto di specie. E probabilmente, nei decenni prima dell'epidemia, aveva già tentato svariate volte di trasmettersi all'uomo, fino a quando i ripetuti passaggi fra uomo e animale non gli hanno permesso di affinare la sua perfetta modalità di trasmissione.

L'epidemia di SARS si spegnerà lentamente dando segno di sé per l'ultima volta a Taiwan. Il 5 luglio 2003 l'OMS dichiara che l'epidemia è ufficialmente interrotta. Questo terribile virus si estingue grazie agli interventi di identificazione e isolamento dei malati. Per fortuna, nel suo processo di evoluzione, il virus aveva sbagliato un dettaglio strategico: riusciva a trasmettersi da uomo a uomo solo quando il malcapitato infetto aveva già sviluppato sintomi evidenti come febbre e tosse. In questo caso tutti i pazienti sospetti sono stati identificati e isolati prima che potessero perpetuare la catena del contagio. Il SARS coronavirus è stato sconfitto e l'uomo ha imparato da questa epidemia diverse lezioni importanti. Non ultima, che un nuovo coronavirus sarebbe potuto emergere, un giorno o l'altro, dalle impenetrabili foreste della provincia cinese. Ma questa è un'altra storia.

11

Il mondo al tempo del coronavirus

Mentre scriviamo questo libro una grave epidemia, quella di cui abbiamo parlato all'inizio, è in corso. La malattia si chiama COVID-19, è causata dal nuovo coronavirus SARS-CoV-2 e la scienza si lancia alla ricerca di una cura e di un vaccino perché, non l'abbiamo detto finora, contro questo nuovo virus non ci sono vaccini né farmaci specifici. Svilupparli in tempo breve sarà molto difficile. Per i medicinali potremmo avere un colpo di fortuna: se qualcosa che funziona contro un altro virus avesse effetto anche contro il nuovo coronavirus saremmo a cavallo. Ma sarebbe per l'appunto un colpo di fortuna, e non dobbiamo contarci.

Per quanto riguarda i vaccini, invece, siamo nei guai. Prima di tutto è già evidente che l'immunità suscitata da altri coronavirus, come quello della SARS, è del tutto inefficace a proteggerci contro questa nuova infezione. Dati di laboratorio confermano queste osservazioni epidemiologiche, e ci impongono la messa a punto di un vaccino nuovo. Ma quanto ci metteremo a ottenerlo? C'è chi dice sei mesi, chi un anno, chi due anni, chi invece parla di molti anni. Purtroppo hanno ragione questi ultimi, ed è facile capire perché.

Un elemento che finora abbiamo trascurato è la letalità di questo virus, sarebbe a dire la percentuale di persone infettate che a causa della malattia ci lasciano la pelle. È un dato che risulta molto difficile da calcolare «in corsa» durante una nuova epidemia. Noi – in condizioni ideali – sappiamo quante persone sono infettate fino a oggi, ma se il decorso della malattia (che può concludersi con la guarigione o la morte) è di diverse settimane, come in questo caso, capite che per calcolare la vera letalità dovremmo riferire i morti di oggi agli infettati di alcune settimane fa. Una cosa molto complicata, insomma.

A rendere ancora più difficile il calcolo è il fatto che durante un'epidemia catastrofica come quella che sta avvenendo in Cina i medici sono più occupati a salvare vite che a compilare moduli; oltre a questo è immaginabile che chi è ammalato, ma non sta molto male, se ne stia ben tappato in casa, evitando accuratamente di recarsi in un ospedale, dove può sì essere curato, ma potrebbe anche contagiarsi se ha una lieve influenza. Insomma, non è irrealistico pensare che il numero dei casi di infezione in una simile situazione sia molto sottostimato. Non per niente gli esperti, più o meno, consigliano tutti di aggiungere almeno uno zero ai dati cinesi comunicati nella fase iniziale dell'epidemia. Vale lo stesso per le morti? Non si sa. Verrebbe da dire di no, perché chi muore viene correttamente calcolato e seppellito, ma siamo certi che quello che succede nelle zone rurali della Cina venga poi riportato?

In sostanza, è difficile capire in quanti casi un virus simile possa essere mortale. Alcuni studiosi ci hanno provato con calcoli molto sofisticati, e ritengono che in questo momento la stima più realistica sia una letalità dell'infezione intorno all'1%. È alta? È bassa? Per alcuni aspetti è bassissima, ma per altri è altissima. Possiamo infatti considerarla da diversi punti di vista. Se la paragoniamo all'85% di alcune epidemie di Ebola è irrisoria; ma se teniamo conto che solo in Italia alla fine di gennaio 2020 si sono verificati circa sei milioni di casi di influenza (una malattia contro la quale abbiamo una pregressa immunità e pure un vaccino), una letalità dell'1% significherebbe 60.000 morti: una città delle dimensioni di Savona!

Tuttavia, paradossalmente, questa «bassa» letalità diventa molto rilevante quando si deve progettare un vaccino: ostacola la velocità della sua messa a punto. Se ci trovassimo davanti a un'infezione che uccide l'80% dei malati potremmo benissimo saltare a piè pari tutte le prove di sicurezza e iniettare direttamente il vaccino: il rischio di morte a causa dell'infezione sarebbe per i pazienti talmente grande da consentire un azzardo. Così non è per un'infezione che uccide «solo» l'1%. In questo caso, infatti, è indispensabile che il vaccino sia dotato di un profilo elevato di sicurezza: un vaccino che causa gravi effetti collaterali in una percentuale anche bassa di pazienti potrebbe essere più pericoloso della malattia stessa!

Pensiamo poi come, in concreto, viene sperimentato un vaccino. Deve essere messo a punto in laboratorio, deve essere prodotto, deve essere saggiato sugli animali per valutarne la sicurezza e infine deve essere sperimentato sull'uomo. Come? Semplificando al massimo: l'efficacia di una vaccinazione viene verificata prendendo un gruppo di persone a rischio, vaccinandone la metà e somministrando un finto vaccino (chiamato placebo) agli altri. E poi? Poi bisogna aspettare e osservare se i vaccinati si ammalano meno degli altri. Insomma, si parla di un tempo molto lungo, che ci fa capire come per questa epidemia il vaccino non sarà particolarmente utile perché non sarà disponibile in tempi brevi: il virus corre molto più veloce delle nostre ricerche.

Cosa fare allora? Abbiamo due vantaggi sul virus: cominciamo a conoscere la malattia e possiamo fare una diagnosi precoce. Non è poco.

La diagnosi è fondamentale, ci permette di distinguere quei pochi casi di coronavirus dai moltissimi casi, apparentemente identici, di influenza, di isolarli, di trattarli diversamente e separatamente. Questo è essenziale per limitare il contagio. Però non è abbastanza. Siccome le persone infettate, che stanno per sviluppare la malattia, possono trovarsi anche nel periodo di incubazione, un test non riuscirebbe a identificarle. In altre parole, quando c'è un malato, noi possiamo sapere se è ammalato di coronavirus, ma nessun test sarà in grado di identificare quelli che sono infettati, si trovano in incubazione e pochi giorni dopo l'esame diventeranno infettivi. In questo caso per proteggerci rimane solo una misura, quella che vi abbiamo già raccontato e che aveva inventato la Repubblica di Venezia nel Trecento: la quarantena.

Isolamento: è l'unica procedura che può rallentare, o addirittura fermare, la diffusione del virus. Isolamento fatto come si deve per non ritrovarci nelle condizioni inumane della *Diamond Princess*, la nave ormeggiata nel porto giapponese di Yokohama sulla quale, dopo la scoperta di un caso di coronavirus, i passeggeri sono stati trattenuti senza troppi complimenti. Erano in 3700 a bordo, e nel momento in cui questo libro va in stampa la conta degli infettati è arrivata fino a 705 casi, includendo medici e sanitari che erano saliti a bordo senza una sufficiente preparazione per tentare di limitare la diffusione del contagio.

In Italia, siamo rimasti tranquilli per tutto il mese di gennaio e buona parte di febbraio. I tre casi presenti di COVID-19 erano tutti importati, e non c'era nessun segno di contagio locale. Si poteva quindi dire, con tranquillità, che il rischio era molto basso. Chi continuava a raccomandare di prendere con le molle i dati cinesi e di attuare una rigorosa quarantena delle persone provenienti dalla Cina veniva tacciato come minimo di allarmismo, e spesso di peggio. Il pericolo sembrava remoto, lontanissimo, addirittura inesistente.

Poi, di colpo, un venerdì pomeriggio, tutto cambia in un attimo. Quattordici casi in Lombardia, quattro in Veneto. Il paziente «uno» del focolaio lombardo è un giovane di 38 anni in piena salute, un atleta che nei giorni finali dell'incubazione ha corso maratone, giocato a calcio, cenato con gli amici. Poi a un certo punto ha cominciato a stare male, tosse, febbre, però non si preoccupa: non ha avuto a che fare con cinesi, e neanche con gente che è recentemente stata in Cina. Ma l'influenza non passa, quindi si reca al pronto soccorso dell'ospedale di Codogno, dove vive. Anche lì i medici non danno peso alla sintomatologia, e lo rimandano a casa.

Alla fine le cose si mettono male, la situazione clinica peggiora, il giovane torna in ospedale. A questo punto viene cercato il virus e il risultato è positivo. Questo è il primo di una lunghissima catena di contagi. La moglie, un amico, altre persone della cittadina o delle località limitrofe sono contagiati, i casi si contano a centinaia. Nello stesso momento, in Veneto, in un paese di circa tremila abitanti, si ammalano due anziani. Frequentano lo stesso bar e sono soliti guardare le partite insieme. Anche in questo caso, quando si comincia a cercare, le infezioni si trovano a decine. È il panico. In un weekend surreale l'Italia passa dalla condizione di Paese libero dalla malattia, spensierato, ricco e gaudente a quella tragica di Wuhan europea. Le misure sono draconiane: undici comuni, per un totale di oltre 50.000 persone, vengono messi in quarantena e vengono letteralmente chiusi, blindati, spenti. Ma non basta, perché i primi casi si registrano anche in altri paesi limitrofi. Il presidente della Regione Lombardia agisce con energia: chiude le scuole, le università, i musei. Lo storico Teatro alla Scala si ferma come era avvenuto solo cinque volte in due secoli e mezzo, il Duomo non consente l'accesso ai fedeli. Lo stesso accade in Veneto, dove viene addirittura cancellato il Carnevale di Venezia. Intanto si cerca il paziente zero, ma non si riesce a trovarlo. La sorgente della prima infezione rimane un mistero, lasciando tutti nel terrore di nuovi focolai incontrollati. Allo stesso tempo un legame tra i casi veneti e quelli lombardi diventa sfuggente. Passano i giorni, il paziente zero è sempre più lontano, ormai non resta altra strada che l'isolamento massiccio e indiscriminato.

L'Italia, viva, sociale, divertente, affollata cambia volto in ventiquattr'ore. I bar di corso Como, la parte più attiva di Milano, abbassano le serrande alle diciotto, proprio l'ora dell'aperitivo, un rito sacro per i milanesi; gli spettacoli televisivi si svolgono senza pubblico, in un'atmosfera surreale; le partite di calcio che ogni domenica attirano centinaia di migliaia di tifosi si giocano a porte chiuse, in un silenzio spettrale. L'unica cosa che rimane affollata sono i supermercati, che vengono letteralmente svuotati dalla gente impaurita. Nessuno viaggia, chi può lavora da casa, le sfilate della Settimana della Moda si svolgono in locali vuoti e vengono viste via internet dai potenziali compratori e dai giornalisti. Riunioni annullate, convegni cancellati, le agende fittissime dei milanesi, considerati dei fanatici del lavoro, improvvisamente diventano vuote. La metropolitana sempre strapiena pare essere quella di metà agosto, i negozi affollati di gente proveniente da tutto il mondo sono deserti, tutti stanno chiusi in casa con una sola domanda: quando finirà? Ma finirà?

Così, mentre combattiamo a mani nude contro questa nuova e inaspettata minaccia, il nostro modo di vivere, fatto di viaggi, di vacanze, di treni veloci e di tram affollati, di riunioni, di concerti e di teatri sparisce in quarantott'ore davanti alla minaccia di un nemico invisibile e feroce.

Allo stesso tempo la Cina, gigante economico e politico, che qualcuno pensava di minacciare con missili, bombe nucleari, sottomarini e carrarmati è messa in ginocchio da qualcosa che pare poco più di nulla, un quasi niente mille volte più piccolo del diametro di un capello. Una nazione che brulicava di vita nelle sue incredibili megalopoli è ora immobile. Si è fermata per le vacanze del Capodanno lunare – le più importanti in Cina – e nel nuovo anno del Topo non è più ripartita, cercando con immensa difficoltà di rimettersi in piedi limitando i danni, mentre il mondo intero sente la mancanza dei suoi prodotti, dei suoi cittadini, della sua crescita e del suo entusiasmo.

Dunque, a causa di un minuscolo parassita visibile solo per mezzo dei raggi di un microscopio elettronico, che con furbizia satanica inganna le cellule e distrugge i polmoni, oggi gli italiani si affacciano dalle finestre sulle strade spettralmente vuote, mentre i cinesi guardano il cielo pensando al loro futuro molto incerto. E per la prima volta osservano l'aria pulita come non lo era da decenni, perché a causa delle misure titaniche prese per prevenire il diffondersi del contagio tutto quello che inquina è ora fermo, e non sappiamo quando ripartirà. L'unica cosa che purtroppo continua a muoversi, e per ora non si ferma, è il diffondersi di questo piccolo irriducibile nemico. Però, nell'incertezza del momento, sappiamo che prima o poi riusciremo a vincerlo, come abbiamo fatto per tutti i suoi antenati.

Perché, forse non lo sapete, altri coronavirus hanno già fatto il salto nella specie umana anni fa. Uno si chiama NL63, e il suo spillover è datato tra il XIII e il XV secolo; un altro 299E, e ce lo siamo trovato tra i piedi tra il Settecento e l'Ottocento. Un terzo, OC43, ci ha attaccato intorno al 1890. Per vie traverse, anche loro dai pipistrelli sono arrivati all'uomo e sono diventati virus umani. Non li abbiamo annientati, ma abbiamo trovato il modo di conviverci senza troppi danni: sono diventati la causa di un banale raffreddore, anzi di circa il 10% dei banali raffreddori che ci colpiscono ogni inverno.

Speriamo che anche questo nemico, che ora ci pare irriducibile mentre sconvolge le nostre giornate in un modo che non avremmo mai immaginato possibile, presto si spenga in qualche starnuto di stagione.

Nel frattempo non abbiamo alternativa: dobbiamo fare appello al nostro coraggio, alla nostra lucidità e al nostro spirito di sacrificio per combatterlo con tutte le nostre forze. Dobbiamo fermare l'epidemia, costi quel che costi. Siamo noi contro il virus, e a vincere dobbiamo essere noi. Con l'aiuto della scienza, in passato disprezzata e ora adorata e chiamata come ultimo soccorso a difenderci da un invisibile contagio. Quella scienza imperfetta fatta di uomini deboli e fallaci che in questo terribile momento ci appare l'unico scudo in grado di proteggerci da un'inaspettata e angosciante minaccia.

Riferimenti bibliografici essenziali

Questo libro è in primo luogo il frutto delle conoscenze e delle fonti accumulate da me e Pier Luigi Lopalco in anni di ricerca e di esercizio della professione di ricercatori e di docenti.

Non elenco qui i molti articoli consultati, apparsi su riviste come «The New England Journal of Medicine», «The Lancet», «Proceedings of the National Academy of Sciences», e rimando alle bibliografie pubblicate nei miei libri precedenti (in particolare *Balle mortali*, Rizzoli 2018). Mi limito a indicare alcuni manuali essenziali di microbiologia, virologia ed epidemiologia: Patrick Murray, Ken Rosenthal, Michael Pfaller, *Medical Microbiology*, 8th Edition, Elsevier 2015; Jane Flint, Glenn F. Rall, Vincent R. Racaniello, Anna Marie Skalka con Lynn W. Enquist, *Principles of Virology*, 4th Edition, ASM Press 2015; *Principi di microbiologia medica*, 3a edizione, a cura di Guido Antonelli, Massimo Clementi, Gianni Pozzi, Gian Maria Rossolini, Casa Editrice Ambrosiana 2017; Pier Luigi Lopalco, Alberto E. Tozzi, *Epidemiologia facile*, Il Pensiero Scientifico 2009.

Sulle pestilenze nella storia segnalo il classico di William H. McNeill, *La peste nella storia. Epidemie, morbi e contagio dall'antichità all'età contemporanea*, Einaudi 1982, l'agile volume sulla peste nera di William Naphy e Andrew Spicer, *La peste in Europa*, Il Mulino 2006 e la recentissima opera di riferimento di Kyle Harper, *Il destino di Roma. Clima, epidemie e la fine di un impero*, Einaudi 2019. I brani citati provengono da Tucidide, *La guerra del Peloponneso*, II, 47-52, trad. a cura di F. Ferrari, BUR 1985 e Procopio di Cesarea, *Le guerre: persiana, vandalica, gotica*, II, 22-23, a cura di M. Craveri, Einaudi 1977. Le citazioni da Giovanni di Efeso sono tratte dal libro di Harper.

Per il capitolo sull'influenza spagnola ho attinto a John M. Barry, *The Great Influenza: The Epic Story of the Deadliest Plague in History*, Viking 2004 e Laura Spinney, *1918. L'influenza spagnola. La pandemia che cambiò il mondo*, Marsilio 2018. La storia del presidente Wilson a Versailles è narrata in Riccardo Chiaberge, *1918. La grande epidemia. Quindici storie della febbre spagnola*, Utet 2016.

Sulla storia delle epidemie di Ebola e AIDS, libri molto utili sono quelli di Peter Piot, *No Time to Lose: A Life in Pursuit of Deadly Viruses*, W.W. Norton 2012 e Dominique Lapierre, *Più grandi dell'amore*, Mondadori 1990. La partecipazione dello Zaire alla Coppa del Mondo del 1974 è stata raccontata in un articolo di Francesco Marinelli, *Lo Zaire ai Mondiali*, comparso sul giornale online «il Post» il 23 giugno 2014. Il libro essenziale sulla SARS è Thomas Abraham, *Twenty-First Century Plague: The Story of SARS*, Johns Hopkins University Press 2007.

Per una copertura costante delle notizie e delle ricerche sulla COVID-19, l'epidemia provocata dal nuovo coronavirus SARS-CoV-2, vi rimando al mio sito Medical Facts, www.medicalfacts.it.

Ringraziamenti

Il ringraziamento più grande per questo libro va a Renata Gili, che ha contribuito in maniera fondamentale alla raccolta dei documenti e alla revisione dei testi.

Poi devo ringraziare di nuovo i «soliti noti»: prima di tutto mia figlia Caterina Maria per aver riempito di vita le mie giornate; mia moglie Annalisa per avermi supportato in questo e in tutti gli altri impegni; i miei genitori per avermi trasmesso, soprattutto con l'esempio, l'importanza dello studio e del lavoro.

Grazie anche a Massimo Clementi per avermi insegnato la virologia e moltissime altre cose; ad Alberto Zangrillo ed Enrico Gherlone per avermi sempre incoraggiato con affetto e amicizia; a tutti i colleghi dell'Università Vita-Salute San Raffaele per avermi fatto vivere in un ambiente umanamente e culturalmente stimolante, che mi ha permesso di tenere vivo il pensiero e la voglia di continuare a studiare; a tutti i miei studenti e ai miei allievi che hanno ricambiato, spesso senza saperlo, il mio tentativo di insegnare loro qualcosa di utile. Ho un debito particolare nei confronti di Nicola Clementi, Nicasio Mancini, Chiara di Resta, Guido Silvestri e della puntigliosa Petunia Nipoti per aver rivisto le bozze di questo libro aiutandomi a renderlo migliore. Un ringraziamento immensamente sentito è dovuto al mio carissimo amico avvocato Roberto Marchegiani del Foro di Ancona, che con la sua competenza e il suo affetto mi ha difeso e mi difende con efficacia dagli attacchi malevoli e sleali. Grazie anche a Federica Balboni, Dario Nistri e Giancarlo Passarini che mi hanno aiutato a tenere in ordine la pagina Facebook con fermezza e competenza.

Infine, scrivere questo libro con l'amico e collega Pier Luigi Lopalco – un grandissimo epidemiologo – è stato non solo un onore e un piacere, ma anche l'occasione per imparare da lui cose che non sapevo e acquisire un punto di vista sulla diffusione delle malattie infettive tanto originale quanto importante per la mia formazione scientifica e culturale.

Indice